项目基金号：

2021 年度辽宁省普通高等教育本科教学改革研究项目 辽教办 2021352

2022 年度高等教育科学研究规划课题 22SZH0202

2021 年教育部供需对接就业育人项目 20220105621

2022 年度教育部产学合作协同育人项目 221002362101039

景观设计原理

隋晓莹◎主编

吉林出版集团股份有限公司

全国百佳图书出版单位

图书在版编目（CIP）数据

景观设计原理 / 隋晓莹主编 . -- 长春 : 吉林出版
集团股份有限公司 , 2023.5
ISBN 978-7-5731-3585-8

Ⅰ . ①景… Ⅱ . ①隋… Ⅲ . ①景观设计 Ⅳ .
① TU983

中国国家版本馆 CIP 数据核字 (2023) 第 104729 号

景观设计原理

JINGGUAN SHEJI YUANLI

主　　编	隋晓莹	
责任编辑	息　望	
封面设计	隋晓莹	
开　　本	710mm×1000mm	1/16
字　　数	183 千	
印　　张	10	
版　　次	2024年1月第1版	
印　　次	2024年1月第1次印刷	
印　　刷	天津和萱印刷有限公司	

出　　版	吉林出版集团股份有限公司
发　　行	吉林出版集团股份有限公司
地　　址	吉林省长春市福祉大路 5788 号
邮　　编	130000
电　　话	0431-81629968
邮　　箱	11915286@qq.com
书　　号	ISBN 978-7-5731-3585-8
定　　价	60.00 元

作者简介

隋晓莹，1981 年出生，任职于大连交通大学艺术设计学院，副教授，主要从事环境设计的教学科研工作，研究方向为景观环境的数字艺术表现和空间优化设计研究。

近年来发表学术论文 40 余篇，出版学术专著 2 部，主编参编教材 4 部。主持参与国家、省、市级科研课题 30 余项，获批国家发明专利 5 项，实用新型专利 6 项，国家外观专利 28 项，软件著作权 5 项。主持省一流本科课程 1 门，省教育教学改革项目 5 项，参与建设省精品资源共享课程 1 门，获辽宁省教学成果奖 1 项，校教学成果奖 2 项。个人及指导学生获得国家省部级行业竞赛奖项百余项，指导学生获批国家省部级大学生创新创业训练项目立项 6 项。

前　言

景观设计是近年来形成并逐渐兴起的一门学科。与其相近的专业词语有园艺、景观建筑、造园等，但景观设计的范畴不仅涵盖了这些，还涵盖了更丰富的内容，是一门综合性较强的设计艺术。

在当前资源缺乏、环境问题突出的背景下，人们提出了可持续发展的观点，并且在各个专业领域得到迅速传播的同时引起极大影响。景观和景观设计的研究是在造园艺术、建筑设计、城市规划等的基础上，对人地关系的新认识。这不仅是人们对自然认识的进步，也是人类对自身认识的进步。

景观设计的思想源远流长，时至今日已成为一门综合性、实践性的学科。这是人们对生活环境和生活质量高需求的体现。景观设计在世界上的很多发达国家都得到了迅速的发展。景观设计的发展和经济的发展关系密切。

景观设计在各国有不同的观点，但其基本的表达是强调土地设计，即通过对土地及一切人类户外空间的问题进行科学理性的分析，对问题设计解决方案和解决途径，并监理设计的实现。景观设计是一门建立在广泛的自然科学和人文艺术科学基础上的应用学科。它与建筑学、城市规划、环境艺术、市政工程设计等学科有着密切的联系。因此，它要求从事景观设计的人要掌握较多的专业知识并拥有较强的实际设计能力，包括草图绘制、计算机软件的使用等技能。

本书第一章为景观设计概述，分别介绍了景观设计的概念与内涵、景观设计的主要类型和现代景观设计的发展历程三部分内容；第二章为景观设计要素与构成，分别介绍了视觉与空间造型要素和景观设计的构成要素两部分内容；第三章为景观设计空间与组织，分别介绍了景观空间的解读、景观空间的形式和景观空间的组织与规划三部分内容；第四章为景观设计程序与方法，分别介绍了景观设计的基本程序、景观设计的基地调查与具体分析和景观设计的方法三部分内容；第五章为各种类型景观设计，分别介绍了公园景观设计、居住区景观设计、后工业景观设计和城市广场景观设计四部分内容；第六章为景观设计发展趋势，分别介绍了景观的人文化、景观的生态化、景观功能的多样化和景观风格的多元化四部分内容。

在撰写本书的过程中，作者得到了许多专家学者的帮助和指导，参考了大量的学术文献，在此表示真诚的感谢！限于作者水平有限，加之时间仓促，本书难免存在一些疏漏，在此，恳请同行专家和读者朋友批评指正！

隋晓莹

2022 年 12 月

目录

第一章 景观设计概述

本章讲述的是景观设计概述，主要从以下三方面内容进行具体论述，分别为景观设计的概念与内涵、景观设计的主要类型和现代景观设计的发展历程。

第一节　景观设计的概念与内涵

一、景观设计的概念

（一）景观

在欧洲，"景观"一词最早出现在希伯来文本的《圣经》中，用于对圣城耶路撒冷整体美景，包括所罗门寺庙、城堡、宫殿等的描述。"景观"较早的含义更多地具有视觉美学方面的意义，即与"风景"同义或近义。在早期的西方经典的地理学著作中，景观主要用来描述地质地貌的属性，常等同于地形这一概念。"景观"一词在英文中译为"landscape"，各种辞典对"景观"进行解释时，一般是将自然风景的含义放在首位。

景观环境是由人类赖以生存的土地及土地上的空间和物质所构成的综合体。俞孔坚认为，景观环境包含以下四方面的含义：

第一，风景，视觉审美过程的对象。

第二，栖居地，人类生活的空间和环境。

第三，生态系统，具有结构和功能、具有内在和外在联系的有机系统。

第四，符号，一种人类记载过去，表达希望与理想，赖以认同和寄托的语言和精神空间。

我国的景观生态学家肖笃宁将"景观"定义为：景观是一个由不同土地单元镶嵌组成、具有明显视觉特征的地理实体；是处于生态系统之上、大地理区域之下的中间尺度，兼具经济、生态和文化的多重价值。

当今的景观概念已涉及地理、生态、园林、建筑、文化、艺术、哲学、美学等多个方面。由于景观研究是一项指出未来发展方向、指导人们行为的研究，因此它要求人们跨越所属领域的界限，突破熟悉的思维模式，从而建立与该领域融合的基础。

（二）景观设计

景观设计学是一门建立在自然科学和人文科学基础上的应用学科，强调土地的基础设计与土地历史人文和艺术的关怀。景观设计学也是关于景观分析、规划、布局、改造、设计、管理、保护和恢复的科学和艺术。在景观设计中，景观应包含景象、生态系统、资源价值、文化内涵等多重含义。

"美国近代园林之父"弗雷德里克·劳·奥姆斯特德认为，景观设计是一门用艺术的手段处理人与人之间、建筑与环境之间复杂关系的学科。[①] 美国景观设计师协会（American society of landscape architecture，简称 ASLA）给出的景观设计的定义是：景观设计是一种包括自然及建成环境的分析、规划、设计、管理和维护的职业。

还有学者认为，景观设计是一门综合性的、面向户外环境建设的学科，是一个集艺术、科学、工程技术于一体的应用型专业，其核心是人类户外生存环境的建设，涉及的学科专业极为广泛，包括区域规划、城市规划、建筑学、林学、农学、地学、管理学、旅游、环境、资源、社会文化、心理等。俞孔坚认为，景观设计学是关于景观的分析、规划、布局、改造、设计、管理、保护和恢复的科学和艺术。[②] 景观设计既是科学又是艺术，两者缺一不可。景观设计师需要科学地分析土地、认识土地，然后在此基础上对土地进行规划、设计、保护和恢复。

无论是从广义的角度来看，还是从狭义的角度来看，景观设计都是一门综合性很强的学科。在广义上，规划包括场地规划、土地利用规划、控制性规划、城市设计、环境规划和其他专业性规划。规划还需要与建筑师配合进行，需要体现在建筑面貌的控制、城市相关设施的规划设计等方面。区域内自然系统的规划设计与环境保护，还牵涉环境规划（目的在于维持自然生态系统的承载力和可持续性发展）。从狭义的角度来看，场地设计与户外空间设计是景观设计的基础与核心。

除此之外，还有学者认为，景观设计是指除建筑物道路和公共设备以外的环境景观空间设计。狭义的微观景观设计包含许多要素，如地形、水体、植被、建筑及构筑物、公共艺术品等，它的主要设计对象是城市开放空间（包括广场、步行街、居住区环境、城市街头绿地和城市滨湖、滨河地带等），从事微观景观设计的目的是不但要满足人类生活功能和生理健康的要求，而且还要不断提高人类生活的品质，丰富人的心理体验，满足人的精神追求。

---

① 许珊珊. 风景园林的营造内容探析 [J]. 山西农经, 2019（16）：85, 87.
② 俞孔坚，李迪华.《景观设计：专业学科与教育》导读 [J]. 中国园林, 2004（5）：10–11.

景观设计在不同规模尺度下的应用，对城市以及其他人居环境的塑造与影响不可小觑。进行景观设计时，不仅要满足人类生存发展的需要，而且要能够与自然环境进行长效交流，实现与自然环境的和谐共存。

二、景观设计的内涵

（一）景观设计的特征

1.景观设计的形成特征

景观设计的形成特征主要表现在以下两个方面：

第一，在其综合特征上，景观设计的构成元素比较丰富，所涉及的知识领域也非常宽泛，是一个由多种空间环境要素和设计表现要素相互补充和协调的综合设计整体。

第二，其形成特征含有长期性和复杂性。室外环境景观设计要受到城市总体规划设计的制约，一些规模较大的景观设计从开始到基本形成，需要较长的时间。

时间作为第四维度，在整个景观设计与建设中起着重要的作用。同时，景观设计的诸多要素都是特定的自然、经济、文化、生活、管理体制的产物，处理和整合它们之间的关系有一定的复杂性。所以，从一套景观设计方案形成到项目实施完成，有其特殊行业的复杂特性。

2.景观设计的文化特征

景观设计是一个民族、一个时代的科学技术与文化精神的综合体现，也是生活在现实生活中的人们的生活方式、意识形态和价值观念的真实写照。景观设计的文化特征具体体现在其思想性、地域性和时代性这三个方面。

（1）思想性

景观设计的思想性是指一个国家的文化思想在景观设计中的体现。比如，中国儒家哲学所强调的"礼"学思想和中国封建社会的秩序、等级观念，在中国古代的建筑和城市规划中都有所体现。受儒家思想影响的景观设计一般都表现出严格的空间秩序感和对称的形式理念，如北京的故宫、四合院的建筑设计和空间布局。又如，中国的道家思想至今还在影响着当代的城市景观设计以及设计师对设计理论的思考。道家思想的核心是"天人合一"。追求的是人与自然的和谐统一，中国园林景观设计中的"巧于因借，精在体宜""相地合宜，构园得体"等设计思想都是道家"天人合一"哲学思想的具体体现和延伸。所以说,景观设计中的思想性是其文化特征的核心部分。

（2）地域性

景观设计的地域性特征体现在其所反映的不同地区存在的不同景观形态与人文特性上。景观设计应根据不同地域、不同民族风俗、不同宗教信仰来研究景观的设计形态构成,要体现出景观本土特征与外部环境的独特个性,在精神风貌上展示出自己的文化气质与品位。

当前很多国家和城市的景观设计都给人以"似曾相识"的感觉,地域性的景观文化被全球一体化的错误设计观念冲击,这种以自我文化特质的消失来换取对别人设计成果的盲从跟风的景观设计,势必会使城市的景观设计在技术堆砌和复制中迷失自我、丧失个性。

（3）时代性

景观设计的时代性特征主要体现在以下三个方面:

第一,景观设计当随时代的发展而发展。今天的景观设计是为普通百姓服务的,而不是像古代的园林景观专为皇亲国戚、官宦富贾等少数人所享用。现代的景观设计强调的是人与景观环境的互动交流,在设计上应充分体现人性化的关怀和亲和力。

第二,景观设计要引入当今社会的先进科技成果。现如今,先进的施工技术和新型的施工材料,已经打破了传统园林景观所采用的天然材质和单一的施工技术表现形式,科学技术的进步给景观设计提供了充分表现自己独特魅力的设计舞台,极大地增强了景观的艺术表现力。

第三,景观设计思想由过去的单一注重园林设计审美,提高到对生态性、环保性、可持续性设计思想的重视,把景观设计的重点放在提高人类生存环境质量的高度。

3. 景观设计的功能性与形式性特征

（1）景观设计的形式性特征

形式性特征则体现在景观设计的审美性上。景观设计不仅要赋予景观环境以功能性,还要使生活在真实空间环境的审美主体（人）在享受和流连于景观环境中时,能得到视觉和心灵的美感体验与满足,这也是"以人为本"设计原则的具体体现。景观外部形态设计形式的处理与表现，能真实地反映出设计师驾驭设计形式语言的能力和水平。所以说，景观设计只有将功能与形式完美结合，才具有鲜活的生命，才能实现人们对景观环境的美好期盼。

（2）景观设计的功能性特征

景观环境是人类生存与生活的基本空间，景观形态的功能性与形式性是人类生理功能与视觉审美功能所要求的。其功能性特征体现在景观设计是为室外环境的构成而提供物质条件的，比如广场、庭院等。人们生活和行走在城市街道中，需要能够集会、散步、游戏、静坐、眺望、交谈、游园、野餐等舒适的景观环境，而景观设计正是满足这一功能的具体形态物质。

（二）景观设计的目的和任务

景观设计的目的和任务是在带给人类视觉上美的享受的同时，从根本上改善人与自然环境的关系，带给人类一个全新的生存理念。

景观设计的目的和任务主要体现在以下几个方面：

第一，保护自然环境，维护自然景观与人类的平衡关系。

第二，以人类生态系统为前提，不孤立于某一元素，进行多目标性质的设计，体现出整体优化的特性。

第三，为人类提供精神享受场所与美的环境。

第四，对古代文化遗迹进行保护和研究。

第五，建立区域化特色城市，做到城市景观、建筑整体统一。

第六，以提高人类生存状态为基础，探讨体现可持续发展理念的方向与途径。

第二节 景观设计的主要类型

一、城市公共空间景观

城市公共空间是指城市或城市群中，在建筑实体之间存在着的开放空间体，是城市居民日常生活和社会生活公共使用的室外空间，是居民举行各种活动的开放性场所。它包括广场、公园街道、居住区户外场地、公园、体育场地、滨水空间、游园、商业步行街等。

二、自然保护区景观

自然保护区景观实质就是自然保护区的自然景观与人文景观相结合的复合型景观。比如，代表性的自然生态系统、珍稀濒危野生动植物物种的天然集中分布区，以及有特殊意义的自然遗迹等保护对象所在的陆地、陆地水体或者海域等。

自然保护区也常是风光绮丽的天然风景区，具有特殊保护价值的地质剖面、化石产地或冰川遗迹、岩溶、瀑布、温泉、火山口以及陨石的所在地等。截至2012年年底，全国（不含港、澳、台地区）共建立国家级自然保护区363个，面积9415万公顷，占国土面积的9.7%[①]。

三、风景名胜区景观

风景名胜区是指具有观赏、文化或者科学价值，自然景观、人文景观比较集中，环境优美，可供人们游览或者进行科学、文化活动的区域。

风景名胜包括具有观赏、文化或科学价值的山河、湖海、地貌、森林、动植物、化石、特殊地质、天文气象等自然景物和文物古迹，革命纪念地、历史遗址、园林、建筑、工程设施等人文景物和它们所处的环境以及风土人情等。

四、纪念性景观

《现代汉语词典》对"纪念"一词的解释是：用事物或行动对人或事表示怀念。它是通过物质性的建造和精神的延续，达到回忆与传承历史的目的。根据《韦氏词典》的解释，纪念性是从纪念物中引申出来的特别气氛，有这样几层意思：陵墓的或与陵墓相关的，作为纪念物的；与纪念物相似有巨大尺度的、有杰出品质的；相关于或属于纪念物的；非常伟大的等。通过对"纪念""纪念性""景观"的释义，并借鉴《景观纪念性导论》一书中对纪念性景观内涵的概述，把纪念性景观理解为用于标志、怀念某一事物或为了传承历史的物质或心理环境，也就是说当某一场所作为表达崇敬之情或者是利用场地内元素的记录功能描述某个事件

---

① 中华人民共和国国务院新闻办公室.五、生态文明建设中的人权保障[EB/OL].（2013-05-14）[2022-12-08].http：//www.scio.gov.cn/ztk/dtzt/2013/05/4/Document/1322504/1322504.htm.

的时候，这一场地往往就是纪念性场地了，所形成的景观就是纪念性景观。它包括标志景观、祭献景观、文化遗址、历史景观等实体景观，以及宗教景观、民俗景观、传说故事等抽象景观。

五、旅游度假区景观

旅游度假区景观是指以接待旅游者为主的综合性旅游区，配套旅游设施，所在地区旅游度假资源丰富，客源基础较好，交通便捷，对外服务有较好基础。旅游度假区的景观设计包括自然景区设计、生态旅游规划、文化游览开发、旅游度假设施建设等。景观生态学的迅速发展和合理应用，为建设生态型的旅游度假区提供了理论依据。运用景观生态学的原理，研究了旅游度假区景观建设的生态规划途径，以保障景观资源的永续利用，目前我国有 12 处国家级旅游度假区。

六、地质公园景观

地质公园是以具有特殊地质科学意义、稀有的自然属性、较高的美学观赏价值，具有一定规模和分布范围的地质遗迹景观为主体，并融合其他自然景观与人文景观而构成的一种独特的自然区域。建立地质公园的主要目的有三个：保护地质遗迹、普及地学知识、开展旅游促进地方经济发展。地质公园分为四级：县市级地质公园、省地质公园、国家地质公园、世界地质公园。

七、湿地景观

湿地按性质一般分为天然湿地和人工湿地。天然湿地包括：沼泽、滩涂、泥炭地、湿草甸、湖泊、河流、洪泛平原、珊瑚礁、河口三角洲、红树林、低潮时水位小于 6 米的水域。湿地景观是指湿地水域景观。近几年来，湿地景观设计作为一种特有的生态旅游资源，在旅游规划中的开发和利用也越来越受到重视。

八、遗址公园景观

遗址公园景观，即利用遗址这一珍贵历史文物资源而规划设计的公共场所，将遗址保护与景观设计相结合，运用保护、修复、创新等一系列手法，对历史的人文资源进行重新整合、再生，既充分挖掘了城市的历史文化内涵，体现城市文脉的延续性，又满足现代文化生活的需要，体现新时代的景观设计思路。遗址公园既是历史景观，也是文化景观，遗址公园设计主要应把握风貌特色和历史文脉。

第三节　现代景观设计的发展历程

一、现代景观设计发展起源

（一）现代景观对古典园林的传承

1. 西方古典园林的源流

在西方，现代意义上的景观是自园林概念逐渐发展衍生出的更广泛的景观（Landscape）概念。19世纪下半叶，Landscape Architecture一词出现，现在已成为世界普遍公认的这个行业的名称。

在英语中，古典园林被称为Garden或Park。从14世纪到19世纪中叶，西方园林的内容和范围都大大拓展。园林设计从历史上主要的私家庭院的设计扩展到公园与私家花园并重。园林的功能不再仅仅是家庭生活的延伸，更是改善城市环境，为市民提供休憩、交往和游赏的场所。

欧洲的园林文化传统，可以追溯到古埃及，当时的园林就是模仿经过人类耕种、改造后的自然，是几何式的自然，因而西方园林就是沿着几何式的道路开始发展的。其中的代表作为古埃及园林、古希腊园林及古罗马园林，其中水、常绿植物和柱廊都是重要的造园要素，为15—16世纪意大利文艺复兴园林奠定了基础。

8世纪，阿拉伯人征服西班牙，带来了伊斯兰的园林文化，结合欧洲大陆的基督教文化，形成了西班牙特有的园林风格。水作为阿拉伯文化中生命的象征与冥想之源，在庭院中常以十字形水渠的形式出现，代表天堂中水、酒、乳、蜜四条河流，各种装饰变化细腻，喜用瓷砖与马赛克作为饰面。这种类型的园林极大影响了美洲的造园和现代景观设计。

中世纪古代文化光辉暗淡，社会动荡不安，人们纷纷到宗教中寻求慰藉，因此中世纪的文明基础主要是基督教文明。园林产生了宗教寺院庭院和城堡庭院两种不同的类型。两种庭园开始都是以实用性为主，随着时局趋于稳定和生产力不断发展，园中装饰性与娱乐性也日益增强。

15 世纪初叶，意大利文艺复兴运动兴起。文学和艺术繁荣发展，引起一批人爱好自然，追求田园趣味，文艺复兴园林开始盛行，并逐步从几何型向巴洛克艺术曲线型转变。文艺复兴后期，园林甚至追求主观、新奇、梦幻般的"手法主义"的表现方式。

17 世纪，园林史上出现了一位开创法国乃至欧洲造园新风的杰出人物——勒·诺特，法国园林即由他开创。中国称之为古典主义园林。勒·诺特的造园保留了意大利文艺复兴庄园的一些要素，又以一种更开朗、华丽、宏伟、对称的方式在法国重新组合，创造了一种更显高贵的园林，追求整个园林宁静开阔，在统一中又富有变化，富丽堂皇、雄伟壮观的景观效果。在中国的圆明园，由于乾隆皇帝的猎奇心理，也建造了模仿法国园林的西洋楼。

17—18 世纪，绘画与文学两种艺术热衷于自然的倾向影响了英国园林文化，加之中国园林文化的影响，英国出现了自然风景园：以起伏开阔的草地、自然曲折的湖岸、成片成丛自然生长的树木为要素构成了一种新的园林。18 世纪中叶，作为改进，开始在园林中建造一些点缀景物，如中国的亭、塔、桥、假山以及其他异国情调的小建筑或模仿古罗马的废墟等，人们将这种园林称之为感伤主义园林或英中式园林。

欧洲大陆风景园是从模仿英中式园林开始的，虽然最初常常是很盲目地模仿，但结果却带来了园林的根本变革。风景园在欧洲大陆的发展是一个净化的过程，自然风景式比重越来越大，点缀景物越来越少，在1800 年后，纯净的自然风景园终于出现。

19 世纪上半叶的园林设计常常是几何式与规则式园林的结合。19 世纪末，更多的设计师使用规则式园林来协调建筑与环境的关系。艺术和建筑业在向简洁的方向发展，园林受新思潮的影响，走向了净化的道路，逐步转向注重功能、以人为本的设计。

19 世纪，造园风格停滞在自然式与几何式两者互相交融的设计风格上，甚至逐步沦为对历史样式的模仿与拼凑，直至工艺美术运动和新艺术运动才使新的园林风格的诞生。

受工艺美术运动影响，花园风格更加简洁、浪漫、高雅，用小尺度具有不同功能的空间构筑花园、并强调自然材料的运用。这种风格影响到后来欧洲大陆的花园设计，直到今天仍有一定的影响。

新艺术运动的目的是希望通过装饰的手段来创造出一种新的设计形式，主要表现在追求自然曲线形和追求直线几何形两种形式上。新艺术运动中的另一个特点是强调园林与建筑之间以艺术的形式相联系，认为园林与建筑之间在概念上要统一，理想的园林应该是尽量再现建筑内部的"室外房间"。

新艺术运动虽然反叛了古典主义的传统，但其作品并不是严格意义上的"现代"，它是现代主义之前有益的探索和准备。可以说，这场世纪之交的艺术运动是一次承上启下的设计运动，它预示着旧时代的结束和新时代的到来。

2. 近代园林设计主要流派对现代景观的影响

追溯一个世纪以来园林设计领域的发展与变化，无论哪种风格都对现代园林产生了广泛的影响。在 19 世纪园林景观发展的基础上，20 世纪各国出现了众多的设计风格，产生了一些非常有影响力的学派。这些学派直接影响了现代景观的产生与发展。

（1）法国现代园林风格

法国现代园林风格的最初体现是在 1925 年巴黎举办的"国际现代工艺美术展"。在展览会上，人们看到了一些具有现代特征的园林，代表作是建筑师斯蒂文斯设计的用十字形截面的支柱和巨大抽象的混凝土块组合铸就了四棵一模一样的红色的"树"以及建筑师古埃瑞克安设计的"光与水的花园"。展览揭开了现代景观设计新的一幕。

法国现代景观设计打破了传统的规则式或自然式的束缚，采用了一种当时新的动态均衡构图，具有强烈的几何性，但又不是抽象统治下的静态平衡，是不规则的几何式的体现。

（2）现代巴洛克风格

现代巴洛克风格的特点是景观设计作品中运用大量的曲线。该风格的代表人物是巴西的景观设计师布雷·马克斯。他的作品扩展了古老的花坛的形式。他的曲线的花床，如同一支饱含水分的画笔在大地上画出鲜艳的笔道。用花床限制了大片植物的生长范围，但是从不修剪植物，这与巴洛克园林的模纹花坛有着本质的区别。布雷·马克斯开发了热带植物的园林价值。由于他发现了巴西植物的价值，并将其运用于园林中，使那些被当地人看作杂草的乡土植物在园林中大放异彩，创造了具有地方特色的植物景观。

布雷·马克斯将现代艺术在园林中的运用发挥得淋漓尽致。从他的设计平面图可以看出，他的形式语言大多来自米罗和阿普的超现实主义，同时也受到立体主义的影响。他创造了适合巴西气候特点和植物的风格，开辟了景观设计的新天地，与巴西的现代建筑运动相呼应。他用植物叶子的色彩和质地的对比来创造美丽的图案，而不是主要靠花卉，并将这种对比拓展到其他材料，如沙砾、卵石、水、铺装等。他的种种设计语言至今仍在全世界广为传播。

（3）巴拉甘风格

巴拉甘的景观设计将现代主义和墨西哥传统相结合，开拓了现代主义的新途径。作为地域文化与现代景观形式结合的典范设计师，巴拉甘常常是建筑、园林连同家具一起设计，形成具有鲜明个人风格的统一和谐的整体。在巴拉甘设计的一系列园林中，使用的要素非常简单，主要是墙和水，以及怡人的阳光和空气，他的作品将那些遥远的、怀旧的东西移植到当代世界中。特别是对水的美好回忆一直跟随着排水口，种植园中的蓄水池，修道院中的水井，流水的水槽，破旧的水果、反光的小水塘，这些都通过这位水利工程师之手体现在了设计中。巴拉甘设计的园林以明亮、彩色的墙体与水、植物和天空形成强烈反差，创造安静而富有诗意的心灵的庇护所。他作品中的一些要素，如彩色的墙、高架的水槽和落水口的瀑布等已经成为墨西哥风格的标志。

巴拉甘风格的景观设计通过现代景观的设计手法表达对地域景观元素的尊重与利用，从而创造有地域从属感的现代景观模式，其手法尤其值得借鉴。

（4）加利福尼亚学派

园林历史学家普遍认为，加利福尼亚是二战后美国景观规划设计流派的一个中心。与美国东海岸移植欧洲的现代主义不同，西海岸的"加利福尼亚学派"是美国本土产生的一种现代景观设计风格。二战以后，轻松休闲的加利福尼亚生活方式备受欢迎，室外进餐和招待会为人们所喜爱。

加利福尼亚学派的典型特征为：简洁的形式、室内外直接的联系、可以布置花园家具、紧邻住宅的硬质表面、小块不规则的草地、红木平台、木制的长凳、游泳池、烤肉架以及其他消遣设施。围篱、墙壁和屏障创造了私密性，现有的树木和新建的凉棚为室外空间提供了阴凉。有的还借鉴了日本园林的一些特点：如低矮的苔藓植物、蕨类植物、常绿树和自然点缀的石块。它是一个艺术的、功能的和社会的构图，每一部分都综合了气候、景观和生活方式等元素来仔细设计，是一个本土的、时代的和人性化的设计，既能满足舒适的户外生活的需要，维护也非常容易。加利福尼亚学派最为重要的现实意义是使美国花园的设计从对欧洲风格的复制和抄袭转变为对美国社会、文化和地理多样性的开拓。

（5）瑞典斯德哥尔摩学派

瑞典斯德哥尔摩学派是景观规划设计师、城市规划师、植物学家、文化地理学家和自然保护者的一个思想综合体。斯德哥尔摩学派的设计师们以加强的形式在城市的公园中再造了地区性景观的特点，如群岛的多岩石地貌、芳香的松林、开花的草地、落叶树的树林、森林中的池塘、山间的溪流等。斯德哥尔摩学派在瑞典风景园林历史的黄金时期出现，它是风景园林师、城市规划师、植物学家、文化地理学家和自然保护者共有的基本信念。在这个意义上，它不仅仅代表着一种风格，更是代表着一个思想的综合体。

斯德哥尔摩学派的设计意义在于它的景观设计打破了大量冰冷的城市构筑物，形成一个城市结构中的网络系统，为市民提供必要的空气和阳光，为每一个社区提供独特的识别特征，为不同年龄的市民提供消遣空间、聚会场所、社会活动，是在现有的自然基础上重新创造的自然与文化的综合体。

斯德哥尔摩学派的影响是广泛而深远的。如在那个时代大批德国年轻的风景园林师到斯堪的纳维亚半岛学习，带回了斯堪的纳维亚国家公园设计的思想和手法，通过每两年举办一次"联邦园林展"的方式，到1995年在联邦德国的大城市建造了20余个城市公园。同为斯堪的纳维亚国家的丹麦和芬兰，有着与瑞典相似的社会、经济、文化状况，由于二战中遭到了一定的破坏，发展落后于瑞典。战后，这些国家受斯德哥尔摩学派的影响，其设计理念也在北欧国家城市公园的发展中占据了主导地位。

（二）现代景观设计的产生影响因素

景观设计是适应现代社会发展需要而产生的一门工程应用性学科，其产生与发展有着深刻的社会背景。欧洲工业革命带来了巨大的社会进步，但由于人们认识的局限，同时也将原有的自然景观分割得支离破碎，特别是在19世纪，尽管园林在内容上已经发生了翻天覆地的变化，但在形式上并没有创造出一种新的风格，也完全没有考虑生态环境的承受能力，亦没有可持续发展的指导思想。这直接导致了生态环境的破坏和人们生活质量的下降，以至于人们开始逃离城市，寻求更好的生活环境和生活空间。

只有景观的价值逐渐开始被人们认识和提出时，有意识的景观设计才开始酝酿。或者可以从另外的角度来理解，景观设计的发展在不同的时期有一条主线：在工业化之前，人们为了追求欣赏娱乐的景观造园活动，如国内外的各种"园、囿"，在这样的思路之下，产生了国内外的园林学、造园学等；工业化带来的环境问题强化了景观设计的活动，从一定程度上改变了景观设计的主题，由娱乐欣赏，转变为追求更好的生活环境；由此开始形成现代意义上的景观设计，即解决土地综合体的复杂的综合问题，解决土地、人类、城市和土地上的一切生命的安全与健康以及可持续发展的问题。

综上分析，现代景观设计的发展主要受以下动因作用的推动：

1. 时代精神的演变

19世纪中叶以来，以奥姆斯特德为代表的美国"城市公园运动"，虽然没有开创新的造园风格，但它给了现代园林设计一个明晰的定位，使古典园林从贵族和宫廷的掌握中解放出来，从而获得了彻底的开放性，为其进一步的发展，铺平了道路。现代园林从古典园林演化至现代开放式空间、再到现代开放式景观、大地艺术，其内涵与外延都得到了极大的深化与扩展。大至城市设计（如山水园林城市），中至城市广场、大学校园、滨江滨河景观、建筑物前广场，小至中庭、道路绿化、挡土墙设计，无一不以此为起点。如今，开放、大众化、公共性，已成为现代景观设计的基本特征。站在时代的起点上，放眼回望，我们就不难发现中国古典园林的时代局限性，即中国古典园林在审美环境上，具有相当程度的排他性。为迎合当时士大夫阶层的审美心态，发展出一整套小景处理的高超技巧。由于过分着力于细微处，只适合极少数人细细品味、近观把玩。正是受这种极其细腻的审美心理的支配，在一些明清私园对公众开放时，游客拥塞、嘈杂混乱，古典园林本身的意境和情调，自然就大打折扣了。这说明士大夫阶层的幽情雅趣与现代景观设计中的开放性取向是不相吻合的。

也有人把原因归咎于中西民族不同的文化性格，认为中国传统的文化性格是含蓄、内敛，外在表现多不显张扬、宁静淡泊；而欧洲人性格开朗、外向，外在表现则理性、率直而富于动感。就古典园林而言，西方古典园林的确有比中国园林更高的开放程度，如凡尔赛宫苑能同时容纳 7000 人玩乐、宴饮、游赏。由于园林不但规模大，尺度也大，道路、台阶、花坛、绣花图案都大，所以雕像、喷泉等虽多，却并不密集。关键之处是，西方古典园林要突出表现的，是它的总体布局的和谐，而不是堆砌各种造园要素。同样是与中国古典园林一脉相承的日本枯山水，对自然造景元素的裁剪，就要抽象和写意得多，并力求避免堆砌和琐碎的变化。因此，在这一点上，更重要的是我们要有更加开放的胸襟。既然英国人在 200 多年前借用中国的造园经验，突破了他们的传统，并加以提炼升华。那么，我们为什么就不能具备更加宽广的全球视野呢？

巴西造园大师罗伯特·布雷·马克斯就敏锐地抓住了现代生活快节奏的特点，将现代艺术在园林中的运用发挥得淋漓尽致。从他的设计平面图可以看出，他的形式语言大多来自米罗和阿普的超现实主义，同时也受到立体主义的影响。他创造了适合巴西气候特点和植物材料的风格，开辟了景观设计的新天地，与巴西的现代建筑运动相呼应。布雷·马克斯在造园中把时间因素考虑在内，比如从飞机上鸟瞰下面屋顶花园或从时速 70 千米的汽车上向路旁瞥睹绿地，观者自身在飞速中获取"动"的印象，自然与"闲庭信步"的人所得的场景截然不同。

随着工业化、标准化的进一步普及与推广，千篇一律的东西开始随着全球化进程加速泛滥，"国际式"建筑的出现就是极好的例证。在这种情况下，现代人常常不知身处何处，归宿感的缺失，唤起了他们对"场所感"的强烈追求。现代景观设计大师们顺应人们的这种心理加以引申、阐发，尝试运用隐喻或象征的手法来完成对历史的追忆和集体无意识的深层挖掘，景观由此就具有了"叙事性"，成为"意义"的载体，而不仅仅是审美的对象。典型的例子如野口勇的"加州情景园"、SWA 集团的"威廉姆斯广场"等。叙事型园林的出现，说明即便是在现代，时代精神也在悄然不断地发生着变迁。此外，一些新型景观如商业空间景观、夜景观、滨江滨河景观等的出现，也说明现代景观设计，只有不断拓展延伸，才能适应不断发展的时代现实。

2. 现代技术的促进

新的技术，不仅能使我们更加自如地再现自然美景，而且能创造出超自然的人间奇景。它不仅极大地改善了我们用来造景的方法与素材，同时也带来了新的美学观念——景观技术美学。而古典园林由于受技术所限，使它对景观的表现被限定在一定的高度上。典型的例子如凡尔赛的水景设计，虽然天文学家阿比皮卡德改进了传输装置，建造了一个储水系统，并用一个有 14 个轮子的巨型抽水机，把水抽到 162 米高的一个山丘上的水渠中，造就了凡尔赛 1400 个喷泉的壮丽水景。但凡尔赛的供水问题始终没有解决，喷泉不能全部开放。路易十四游园的时候，小僧们跑在前面给喷泉放水，国王一过，就关上闸门，其水量之拮据，由此可见一斑。相比之下，现代喷泉水景，不仅有效地解决了供水问题，而且体现出极高的技术集成度。它由分布式多层计算机监控系统远距离控制，具有通断、伺服、变频控制等功能，还可通过内嵌式微处理器或 DMX 控制器形成分层、扫描、旋转、渐变等数十种变化的基本造型，将水的动态美几乎发挥到极致，并由此引发出一大批"动态景观"的出现。当然，现代高新技术对景观设计的影响远远不止于此，它最为重要的贡献是将一大批崭新的造园素材引入园林景观设计之中，从而使其面目焕然一新。例如在施瓦茨设计的拼合园中，所有的植物都是假的，其中既可观赏、又可坐憩的"修剪绿篱"，是由覆上太空草皮的卷钢制成。又如日本的景观作品"风之吻"，采用 15 根四米高的碳纤维钢棒，以营造出一片在微风中波浪起伏的"草地"，或在风中摇曳沙沙作响的"树林"。顶端装有太阳能电池及发光二极管的碳纤棒，平时静止不动，风起则随风摇曳。到了夜里，发光二极管利用白天储存的太阳能开始发光，蓝光在黑暗中随风摇曳，仿佛萤火虫在夜色中轻舞。这里的技术已不再是用来模仿自然，而是用来突出一种非机械的随自然而生的动态奇景。

如果说"风之吻"的技术表现，尚属含蓄的话，那么巴尔斯顿（M.Balston）设计的"反光庭园"对技术的表现就近乎直白了。在该庭园的设计中，不锈钢管及高强度钢缆上，张拉着造型优雅的合成帆布，那些漏斗形的遮阳伞，像巨大的棕榈树那样给庭园带来了具有舞台效果般不断变幻的阴影，周围植物繁茂蔓生的自然形态与简洁的流线型不锈钢构件光滑锃亮的表面形成了鲜明的对比，充分反映出现代高技术精美绝伦的装饰效果。此庭园荣获 1999 年伦敦切尔西花展"最佳庭园"奖，也说明大众对高技术景观的认同与鼓励。

无论是古典园林还是现代景观，其设计灵感大都来源于自然，而自然的景观，总是处在不断的变化之中。季节的变换、草木的荣枯、河流的盈涸等以前不可改变的自然规律往往使得自然景观最美的一刻稍纵即逝，古典园林对此基本上只能是"顺其自然"而已。现代景观设计则可利用众多的技术手段将之"定格"下来，以令"好景常在"。例如大量的塑料纤维，已被使用在现代景观设计中，作为低维护的"定型"植物，既无虫害之虞，亦无修葺之烦。在这方面，现代技术似乎还将走得更远。滨水地区的天然软沙洲，是河水自然冲积的结果，捕捉到它最优美的自然形态，几乎是一件可望而不可即的事情。为了让这一刻的自然美景留驻下来，现代景观设计师们用树脂与石英黏合在一起，压制成几可乱真的造型软沙洲，从而将自然美景的"一瞬间"凝固下来。

从更广泛的意义上来说，我们一般将现代景观的造景素材，作为硬质景观与软质景观的基本区分之一。其实这两者都古已有之。在传统园林中，石景、柱廊即可算作硬质景观，而草坪及各类栽植，则可算作软质景观。只不过，在现代景观设计中，其内涵与外延都得到了极大的扩展与深化。硬质景观中相对突出的是混凝土、玻璃及不锈钢等造景元素的运用。混凝土不仅可以取代传统的硬质景观，还具有更高的可塑性；对玻璃反射、折射、透射等特性的创意性表现，让我们在真实与虚幻之间游移；不锈钢简洁、优雅的造型，则让我们体味到传统园林中不曾有过的精美。软质景观中，大量热塑塑料、合成纤维、橡胶、聚酯织物的引入，为庭园的外观增辉添彩，甚至从根本上改变传统景观的外貌。而现代无土栽培技术的出现，甚至促进了可移动式景观的产生，这就是说外延的扩展，导致内涵发生了根本的变化——景观并非一定就是固定不变的。现代照明技术的飞速发展，则催生了一种新型景观——夜景观的出现。色性不同的光源、效果各异的灯具，将我们的视觉与心理感受，带入一种如梦幻般的迷离境界。

生态技术应用于景观设计应该算作一个特殊的例子。因为其更加重要的意义并不在其技术本身，而在于一系列生态观念：如"系统观"（生态系统）、"平衡观"（生态平衡）等的引入。这种引入，使现代景观设计师们不再把景观设计看成是一个孤立的造景过程，而是整体生态环境的一部分，其对周边生态影响的程度与范围，以及产生何种方式的影响，涉及动物、植物、昆虫、鸟类等在内的生态相关性的考虑，已日益为现代景观设计师们所注重。例如在上海浦东中央公园国际规划咨询中的英国方案中，就考虑了生态效果。其地形设计结合风向、气候、植被，着意创造出冬暖夏凉的小气候，还专门开辟了游人不可入内的生态型小岛——鸟类保护区。由此可见，生态共生的观念，已将古典园林中的"狭义自然"，扩展为现代景观中的"广义自然"，即"生态自然"，自然的概念被大大深化了。

3. 现代艺术思潮的影响

传统艺术留给我们大量宝贵的艺术遗产，现代技术也给我们提供了众多崭新的艺术素材。如何运用它们，使之既符合时代精神，又具有现实意义，是景观"艺术逻辑"必须解决的问题。古典逻辑造就了意大利台地园、法国广袤式园林、英国自然风景式园林的辉煌，现代逻辑如果没有根本性创新，就不可能产生园林设计的全新演绎。现代派绘画与雕塑是现代艺术的母体，景观艺术也从中获得了无尽的灵感与源泉。20世纪初的现代艺术革命，从根本上突破了古典艺术的传统，从后印象派大师塞尚、梵·高、高更开始，诞生了一系列崭新的艺术形式（架上艺术），因此完成了从古典写实向现代抽象的内涵性转变。二战以后，现代艺术又从架上艺术方向铺展开来。时至今日，其外延性扩张仍在不断地进行当中。

19世纪末，高更的宽阔色面和梵·高的色彩解放，使绘画最终脱离了写实。进入20世纪以后，野兽派使色彩更加解放，而立体派则首次解放了形式。从塞尚到毕加索再到蒙德里安的冷抽象，从高更到马蒂斯再到康定斯基的热抽象，抽象从此成为现代艺术的一个基本特征。与此同时，从表现主义到达达派，再到超现实主义，20世纪前半叶的艺术，基本上可归结为抽象艺术与超现实主义两大潮流。这些艺术思想和艺术财富无疑是推动现代景观发展的巨大动力。早期的一批现代园林设计大师，从20世纪20年代开始，将现代艺术引入景观设计之中，如前文提到的1925年巴黎举办的"国际现代工艺美术展"中引起普遍反响的作品，由建筑师古埃瑞克安设计的"光与水的花园"。这个作品就打破了以往的规则式传统，以一种现代的几何构图手法完成，大量采用新物质、新技术，如混凝土、玻璃、光电技术等，显示了大胆的想象力。园林位于一块三角形基地上，由草地、花卉、水池、围篱组成，这些要素均按三角形母体划分为更小的形状，在水池的中央有一个多面体的玻璃球，随着时间的变化而旋转，吸收或反射照在它上面的光线。

在这次博览会中还展出了一个建于 20 世纪 20 年代初期的庭院平面和照片，它的设计者是当时著名的家具设计师和书籍封面设计师勒格兰（P.E.Legrain）。这个作品实际上是他为 Tachard 住宅做的室内设计的向外延伸。从平面上看，这个庭院与其设计的书籍封面有很多相似之处，他似乎把植物从传统的运用中解脱出来，将它们作为构成放大的书籍封面的材料。当然，庭院设计并非完全陷于图形的组合上，而是与功能、空间紧密结合的。

Tachard 花园的意义在于，它不受传统的规则式或自然式的束缚，采用了一种当时新的动态均衡构图：是几何的，但又是不规则的。它赢得了本次博览会园林展区的银奖。Tachard 花园的矩尺形边缘的草地成为它的象征，随着各种出版物的介绍而广为传播，成为一段时期园林设计中最常见的手法，如后来美国的风景园林师丘奇和艾克博等人都在设计中运用过这一形式。

1925 年巴黎"国际现代工艺美术展"是欧洲现代园林发展的里程碑。展览的作品被收录在《1925 年的园林》一书中。随后，出现了一大批介绍这次展览情况的法国现代园林的出版物，对园林设计领域思想的转变和事业的发展，起了重要的推动作用。

之后如哈格里夫斯设计的丹佛市万圣节广场，律动不安的地面，大面积倾斜的反射镜面，随机而不规则的斜墙、尺度悬殊的空间对比，一切都似乎缺乏参照，颇具迷惘、恍惚的幻觉效果。其实这里面蕴含着解构主义的"陌生化"处理，即通过"分延""播撒""踪迹""潜补"等手法来获得高度的视觉刺激、怪诞的意象表征，超现实的意味也因此而凸显出来。类似的例子，还有施瓦茨的亚特兰大瑞欧购物中心庭园、屈米的拉维莱特公园等。

20 世纪下半叶以后，随着技术的不断发展和完善，以及新的艺术理论如后现代主义、解构主义等的出现，一批真正超现实的景观作品逐渐问世。如克里斯托（Christal）与珍妮·克劳德（Jeanne Claude）设计的瑞士比耶勒尔基地（Foundation Beyeler）的景观作品；1996 年法国国际庭园节上的"帐篷庭园"等

20 世纪 60—70 年代以来的后现代主义，是一个包含内容极广的艺术范畴，其中对景观设计较具影响的，有历史主义和文脉主义等叙事性艺术思潮（Narrative

Art）。与 20 世纪前半叶现代主义时期，关心满足功能与形式语言相比，前者更加注重对意义的追问或场所精神的追寻。它们或通过直接引用符号化了的"只言片语"的传统语汇，或以隐喻与象征的手法，将意义隐含于设计文本之中，使景观作品带上文化或地方印迹，具有表述性而易于理解。如摩尔的新奥尔良市意大利广场，矶崎新的筑波科学城中心广场，斯卡帕（C.Searpa）的意大利威尼斯圣维托·达梯伏莱镇的布里昂墓园设计，野口勇的加州情景园等景观作品。其中哈格设计的西雅图煤气厂公园充分反映出对场地现状与历史的深刻理解，以锈迹斑斑、杂乱无章的废旧机器设备，拼装出一派"反如画般景色"。它除了受到文脉主义的影响，还可看到以装置艺术为代表的集合艺术、废物雕塑、遮拾物艺术的显著影响。

值得我们注意的是，与其他艺术思潮不同的是，20 世纪 60 年代末以来的大地艺术（Land Ant），是对景观设计领域一次真正的全新开拓。大地艺术带给景观许多在传统中被长期忽视甚至缺失的新内涵：

（1）地形设计的艺术化处理

如哈格里夫斯设计的辛辛那提大学设计与艺术中心一系列仿佛蜿蜒流动着的草地土丘、野口勇的巴黎联合国教科文组织总部庭园的地形处理等。

（2）超大尺度的景观设计

如史密逊（R.Smithson）的"螺旋形防波堤"，克里斯托的"流动的围篱""峡谷幕瀑""环绕群岛"等。

（3）雕塑的主题化

如建筑师阿瑞欧拉、费欧尔与艺术家派帕设计的西班牙巴塞罗那北站公园中的大型雕塑"落下的天空"，艺术家克里斯·鲍斯的巨型雕塑"突岩的庆典"等。

（4）引入了新的造景元素

特别是自然或自然力元素，如闪电、潮汐、风化、侵蚀等，使景观表现出非持久和转瞬即逝的特点。

大地艺术之所以能取得如此之多的突破，关键在于它继承了极简艺术抽象简单的造型形式，又融合了观念艺术、过程艺术等的思想。以艺术家德·玛利亚的大地艺术作品"闪电的原野"为例，其全部设计，不过是在新墨西哥州一个荒无人烟而多雪电的山谷中，以边长 67 米的方格网，在地面上插了 400 根不锈钢针，这显然是极简派的手法。那些不锈钢针，晴天时，在太阳底下熠熠发光；当暴风雨来临时，每根钢杆就是一根避雷针，形成奇异的光、声、电效果。随着时间和天气的变化，而呈现出不同的景观效果，这正是过程艺术的特征。观念艺术，强调艺术家的思想比他所运作的物质材料更重要，提倡艺术对象的非物质化。正如此理，"闪电的原野"所强调的，并非构成景观的物质实体——不锈钢针，而是自然现象中令人敬畏和震撼的力量。

4. 现代生态环境思潮的影响

现代景观中的生态主义思潮则可以追溯到 18 世纪的英国风景园，其主要原则是："自然是最好的园林设计师"。19 世纪奥姆斯特德的生态思想，使城市中心的大片绿地、林荫大道、充满人情味的大学校园和郊区以及国家公园体系应运而生。20 世纪 30—40 年代"斯德哥尔摩学派"的公园思想，也是美学原则、生态原则和社会理想的统一。不过，这些设计思想，多是基于一种经验主义的生态学观点。20 世纪 60 年代末至 70 年代美国"宾夕法尼亚学派"的兴起，为 20 世纪景观规划提供了科学的量化的生态学工作方法。

这种思想的发展壮大不是偶然的。20 世纪 60 年代，经济发展和城市繁荣带来的污染急剧增加，严重的石油危机对于资本主义世界是一个沉重的打击，"人类的危机""增长的极限"敲响了人类未来的警钟。一系列保护环境的运动兴起，人们开始考虑将自己的生活建立在对环境的尊重之上。

1969 年，宾夕法尼亚大学风景园林和区域规划的教授麦克哈格出版了《设计结合自然》一书，在西方学术界引起很大轰动。这本书运用生态学原理，研究大自然的特征，提出创造人类生存环境的新的思想基础和工作方法，成为 20 世纪 70 年代以来西方推崇的风景园林学科的重要著作。麦克哈格的视线跨越整个原野，他的注意力集中在大尺度景观和环境规划上。他将整个景观作为一个生态系统，在这个系统中，地理学、地形学、地下水层、土地利用、植物、野生动物都是重要的要素。他发明了地图叠加的技术，把对各个要素的单独的分析综合成整个景观规划的依据。麦克哈格的理论是将风景园林提高到一个科学的高度，其客观分析和综合类化的方法代表着严格的学术原则的特点。

麦克哈格的理论和方法对于大尺度的景观规划和区域规划有重大的意义，而对于小尺度的园林设计并没有太多实际的指导作用，也没有一个按照这种方式设计的园林作品产生。但是，当环境处在一个极易受破坏的状态下，麦克哈格的广阔的信息，仍然在园林设计者的思想基础上烙上了一个生态主义的印记，它促使人们关注这样一种思想：园林重要的不仅仅是艺术性布置的植物和地形，园林设计者需要被提醒，他们的所有技巧都是紧密联系于整个地球生态系统的。

受环境保护主义和生态主义思想的影响，20世纪70年代以后，风景园林设计出现了新的倾向。如在一些人造的非常现代的环境中，种植一些美丽而未经驯化的野生植物，与人工构筑物形成对比。还有，在公园中设立了自然保护地，为当地的野生动植物提供一个自然的、不受人干扰的栖息地。如德国卡塞尔市在1981年建造的奥尔公园，在这个120公顷的自然式休闲公园中，设置了六公顷的自然保护地，为伏尔达河畔的野生鸟类提供栖息场所。

正如大地艺术一样，现代景观设计，极少受到单一艺术思潮的影响。正是因为受到多种艺术的交叉影响，而使其呈现出日益复杂的多元风格。要想对它们进行明确的分类和归纳，几乎是一件不可能的事情。但景观艺术的表现，有一个基本的共同前提，那就是时代精神与人的不同需求。众多的艺术流派，为我们提供了丰富的艺术表现手段，但其本身也是时代文化发展的结果。在园林与景观设计领域，既没有产生如建筑等设计领域初期的狂热，也没有激情之后坚定的背弃，而始终是一种温和的参照。更高更新的技术，则让我们对景观艺术的表现深度，更加彻底和不受局限。

二、现代景观设计发展过程

（一）西方现代景观发展历程

从20世纪开始，在欧洲、北美、日本一些国家的庭园和景观设计领域已开始了持续不断的相互交流和融会贯通。1925年巴黎的现代工艺美术展览会是现代景观设计发展史上的里程碑，虽然本次展览会中的庭园只占展出内容的一小部分，但其与建筑"新精神"一致的设计理念，不规则的几何式与动态均衡的平面构图以及多样化的材料使用展示了景观设计发展的新方向与新领域。随后，更多现代主义建筑师将新建筑设计的原则与环境的联系进一步加强，勒·柯布西耶于1929—1931年设计的Savoye别墅以底层架空和屋顶花园将建筑嵌入自然；芬兰建筑师阿尔瓦·阿尔托在1929年设计的玛丽亚别墅将建筑布置在森林围绕的山丘顶部，并通过L形平面将室内外融为一体；德国建筑师密斯·凡德罗于1929年设计的巴塞罗那世界博览会德国馆，通过两个以矩形水池为中心的庭院形成室内外空间的流动、穿插与融合。英国现代景观设计奠基人唐纳德（C.Tunnard）则在理论上指出现代景观设计的三个方面：功能、移情、美学。

20世纪30年代中期以后，二战爆发使欧洲许多有影响的艺术家、设计师前往美国，德国的格罗皮乌斯和英国的唐纳德等人将欧洲现代主义设计思想引入美国，在他们的鼓励、引导下，哈佛景观设计专业学生罗斯（J.Rose）、凯利（D.Kiley）、爱克勃（C.Eckbo）等人发起"哈佛革命"（Harvard Revolution），宣告了现代主义景观设计的诞生。

1. 欧洲现代景观发展历程

16—19世纪，欧洲的工业和资本主义经济发展迅速，资产阶级夺得统治政权后兴办各种公共事业，其中也包括公园的开辟。工业的发展使城市不断扩大，环境逐渐恶化，尤其是18世纪产业革命后，城市中大气和水体被污染、交通拥塞、噪声嘈杂、卫生条件和环境日趋恶劣。如何避免城市环境恶化成为城市规划建设的首要任务。在园林方面先后出现了公园系统和绿地系统的理论与实践研究。进入20世纪，城市规划建设进入园林化时代，城市绿化的实现使园林冲破了一个个单独的有限空间而分布到城市的各个角落，与整个城市融为一体，成为其有机组成部分，从而不得不面对各种恶劣环境，担负起改善整个城市生活居住条件的任务。

欧洲工业革命后，随着其工业城市的出现和现代民主社会的形成，欧洲传统园林的使用对象和使用方式发生了根本的变化，它开始向现代景观空间转化。英国设计师莱普顿被认为是欧洲传统园林设计与现代景观规划设计承上启下的人物，他最早从理论角度思考规划设计工作，将18世纪英国自然风景园林对自然与非对称趣味的追求和自由浪漫的精神纳入了符合现代人使用的理性功能秩序，他的设计注重空间关系和外部联系，对后来欧洲城市公园的发展有深远影响。

英国从18世纪末开始的工业革命使许多城市环境恶化，为改善城市卫生状况和提高市生活质量，政府划出大量土地用于建设公园和注重环保的新居住区。1811年伦敦摄政公园被重新规划设计，设计师纳什在原来皇家狩猎园址上通过自然式布局表达在城市中再现乡村景色的追求。1847 年在利物浦市建造的面积达50 公顷的伯肯海德公园是当时最有影响的项目，设计师帕克斯顿将住宅布置在公园周边，以环形车道紧凑布局，创造了城市中居住与自然结合的理想模式。此后，英国和欧洲其他各大城市也开始陆续建造为公众服务的公园。

19 世纪下半叶，英国的一些艺术家针对工业化带来的大量机械工业产品对传统手工艺造成的威胁，发起"工艺美术运动"，他们推崇自然主义，提倡简单朴实的艺术化手工产品，在他们的影响下，许多景观设计师抛弃华而不实的维多利亚风格转而追求更简洁、浪漫、高雅的自然风格。

19 世纪末至 20 世纪初是西方艺术思潮的转折时期，发源于比利时、法国的"新艺术运动"进一步脱离古典主义风格，为现代主义风格做准备，一些建筑师的景观设计作品从自然界的贝壳、水漩涡、花草枝叶获得灵感，采用几何图案和富有动感的曲线划分庭园空间，组合色彩，装饰细部。如西班牙设计师高迪于1900 年设计的巴塞罗那居尔公园，以浓重的色彩、马赛克镶嵌的地面、墙面，将一切构筑物立体化，创造了一个光影波动的雕塑化景观世界。

二战结束后，欧洲在一片瓦砾堆中开始重建，许多城市的新规划将公园绿地作为重要内容。英国在 1944 年大伦敦规划中开始实施早在 1938 年议会通过的绿带法案，环绕伦敦设置 8 千米宽的绿带。1946 年英国就通过新城方案，开始建设新城以疏解大城市的膨胀。同年弗·吉伯特规划了哈罗新城，他在规划中充分利用原有地形和植被条件以构筑城市景观骨架。还有许多大城市如华沙、莫斯科等的重建计划都把城市工业、绿地面积作为城市发展的重要内容。联邦德国从 1951 年起通过举办两年一届的园林展，改善城市环境，调整城市结构布局，促进城市重建与更新。以瑞典为代表的"斯德哥尔摩学派"进一步影响斯堪的纳维亚半岛国家，许多城市将公园连成网络系统，为市民提供散步、运动、休息、游戏空间和聚会、游行、跳舞甚至宗教活动的场所。

这个时期的欧洲景观设计师虽然没有像美国那样自称为"景观建筑师"，但其队伍也更加壮大和成熟。除了勒·柯布西耶和阿尔托、门德尔松等现代主义建筑师在建筑设计过程中更多关注景观价值，结合自然环境进行创作，一些专职的景观设计师开始通过文章和作品推广现代主义设计理念。法国的吉·西蒙德（J.Simond）创新设计要素，构想用点状地形加强空间围合感，用线状地形创造连绵空间；瑞士设计师伊·克拉默在1959年庭园博览会设计的诗园以三棱锥和圆锥台组合体将地形塑造得如同雕塑一般；丹麦的索伦森于1959年和1963年相继出版了《庭园艺术和历史》和《庭园艺术的起源》两本书，认为园林艺术应是自由、不受限制的，景观设计应该振奋人心，创造一个能被深入体验的场所，使人们从机器般的住宅和办公室中解放出来。

20世纪60年代，欧洲社会进入全盛发展期，许多国家的福利制度已日趋完善，但经济高速发展所带来的各种环境问题也日趋严重，人们对自身生存环境和文化价值的危机感加重，经常举行各种游行、示威。社会、经济和文化的危机与动荡使景观设计进入反思期，部分景观设计师开始反思以往沉迷于空间与平面形式的设计风格，主张把对社会发展的关注纳入到设计主题之中。他们在城市环境规划设计中强调对人的尊重，借助环境学、行为学的研究成果，创造真正符合人多种需求的人性空间，在区域环境中提倡生态规划，通过对自然环境的生态分析，提出解决环境问题的方法。此外，艺术领域中各种流派如波普艺术、极简艺术、装置艺术、大地艺术等的兴起也为景观设计师提供更宽泛的设计语言素材，一些艺术家甚至直接参与环境创造和景观设计，将对自然的感觉、体验融入艺术作品中，表现自然力的伟大和自然本身的脆弱，以及自然过程的复杂、丰富等。

20世纪70年代末以来，由于欧洲许多城市和区域环境问题仍然严重，生态规划设计的思想与实践也在继续发展。德国设计师在联邦园林展和国际园林博览会中，除了关注公园本身的观赏环境，为游人创造舒适的休闲空间和活动场地，还进一步强调对自然环境的保护。例如，1977年斯图加特园林展展园中保留了大片原始状态的野草滩和灌木丛；1979年波恩园林展中面积达160公顷的莱茵公园，利用缓坡地形、密林、大草坪、湖泊创造了一处生态河谷式的自然风景园。

今天，欧洲当代景观设计在把传统作为本源的信念的支持下和求新求变的开拓精神的指引下，已逐渐确立了其在世界上独树一帜的地位。它实践的范围越来越宽泛，涉及的对象越来越复杂，参与者越来越多样，不仅追求形式与功能，而且体现叙事性与象征性；不仅关注空间、时间、材料，还把人的情感、文化联系纳入设计目标中；不仅重视自然资源、生物节律，还把当代艺术引入人类日常生活中。但是它在道路越走越宽之际，也面临着危机和困境，由于全球化急速推进和欧洲经济一体化加快带来商业运作模式的普及和市场供给的类同化，设计师不得不采用统一的技术和相似的材料，而且越来越受商业社会审美标准的制约，个人风格的表达也往往因为过多的公众参与而被削弱。此外，二战之后的欧洲社会历经了相当长的平静期，尤其是冷战结束后，欧洲社会越来越安定，人们生活富足，社会设施完备，似乎已经实现了一个安居乐业的理想社会。但新一代设计师却面临思想僵化、灵感滞塞、工作范围越来越狭窄，虽然许多项目报酬优厚，投资充裕，设计时间充足，但他们越来越感到发挥空间有限，创新程度下降。

当代欧洲景观设计正处在一个蜕变与成熟的关键点上，面对困境与危机，欧洲文化的多样、善变和进取的精神正引领着当代设计师积极应对挑战，跨越障碍。他们没有采取闭关自守或追逐潮流的方式，而是在重新审视传统的同时积极汲取新技术的成就，在努力维护地方特征的同时彻底开放，促进交流，把全世界的景观文化传统和自然特征作为创造的源泉与动力。他们积极参与或举办世界性的设计竞赛和项目投标，以此磨炼思想、刺激灵感和张扬个性，并以其对人与自然关系的独特见解，对人类历史与文化的深刻诠释，为地球环境增添亮丽的风景。

2. 美国现代景观发展历程

（1）城市公园时代

作为二战的最大受益者，美国由于经济的飞速发展，大量移民涌入城市中，城市人口以惊人的速度增加，使美国政府不得不整顿纽约市，制定了在市中心建造约 850 英亩（约 344 公顷）大公园的条例。出生于美国的奥姆斯特德，于 1854 年建造了普及型的绘画式的公园，即有围墙的、异常优美的"中央公园"，实现了他希望用公园来改变大城市恶劣环境的愿望。奥姆斯特德以其长达 30 多年的景观规划设计实践而被誉为"美国园林之父"。他的创作过程通常分为五个阶段，即纽约的中央公园（1857 年），布鲁克林的希望公园（1866 年），芝加哥的滨河绿地（1869 年），波士顿的城市绿道（1880 年），芝加哥的哥伦比亚世界博览会（1893 年）。此外，他还促成国家公园运动，是美国景观规划设计师协会的创始人和美国景观设计专业的创始人。奥姆斯特德极少著书立说，但是他的经验生态思想、景观美学和关心社会的思想，通过他的学生和作品对后来的景观规划设计产生巨大的影响。奥姆斯特德三父子加起来超过 100 年的景观规划设计实践，塑造了美国的景观规划设计专业。

美国的公园能为生活在大城市中的市民提供消除疲劳、寻求安慰和欢乐的场所。公园能在大都市中日趋紧张的土地上引进大自然，是有着极其重大的意义的。纽约"中央公园"的建成，使公园建设受到重视，同时也造就了一些造园家。在大量移民的刺激和高新技术产业兴起的推动下，美国的许多城市都在扩展，建设公园的思想，是顺应时代潮流的。奥姆斯特德及其合作者，还设计了其他的许多公园。其中优秀的，有蒙特利尔的罗雅尔山公园和波士顿的富兰克林公园。

美国城市人口的增长，使得政府进一步建造开放性的公园。首先在近代化的商业城市芝加哥市，花费了 4200 万美元，在较短时间内，建造了约 24 所"运动公园"，居民只要花几分钟，就能自市内的任何一座建筑物到达其中的一个公园。这种公园的特点是：在小的公园里，有四周被园路围起来的足球比赛场和体育馆，中央有带浅池的儿童乐园，有带浴场的游泳池；在大一点的公园里，有划船设施，有带中央大厅和个人会议室的俱乐部。其他许多城市也想方设法建造了像芝加哥市那样的公园。波士顿建造了由外侧带状式公园和向市内伸展的具有公园风格的道路；华盛顿、圣路易斯和费城等城市，则都在城镇的内侧建造华丽的街道。美国大城市的行政机构，都把为市民提供公园和庭园地区作为主要的义务。在它们的工作部门中，有一个以培养城市权威者为目的的公园协会。

在公园中，游乐用空地逐渐成为必需的部分。为满足人们因祭祀和集会以及得到一切文体活动和游乐用地的需要，必须保留广阔平坦的土地。正如迈耶所说的那样，过去的公园是"理想的散步地"。人们喜欢欣赏画一般的风景，其中只有一部分是喜欢安静的散步者，而大部分人是希望能在一起聚会和游乐的。游乐场最好是规则的，这样无论对游戏（体育比赛）者或游览者都合适。为祭祀和招待而设计的场所，不应被树林掩蔽，也不应迂回曲折得使人难以估计距离。群众希望观赏，同时也希望被观赏。因此，水面不能像过去那样设计成弯曲、专为划船的人服务的类型，而应该像游泳池或溜冰场那样设计规划。这些要求都使公园逐渐趋向于规则式的构思。然而公园的设计，还受着强有力的旧传统的束缚，只有借助于来自其他方面的动力，才能找到通向新形式的道路。

另外，随着"运动公园"的兴起，不可缺少的"墓地公园"也兴建了起来。较为闻名的墓地公园是 1831 年建在邻近波士顿的金棕山。约 20 年后，在辛辛那提又造了春园墓地，及后来由西蒙斯设计建造的芝加哥佳境墓地。

美国墓地公园的流行，有多种原因，如土地比较低廉、一般人对自然主义的庭园设计感兴趣以及公园运动的兴起等。此外，因为墓地公园的建造，本来就是正当的、是纪念性的。现在的墓地公园，无一例外都是规则式的，分别由股份有限公司、宗教团体、市议会及联邦政府建造。

（2）国家公园时代

美国国家公园的发展与美国现代景观规划设计的发展是分不开的。1864 年，林肯总统签署立法将优胜美地山谷和美利坡撒大树林划归加利福尼亚州管理，以供大众使用。早在人们可以在此任意度假和休闲的时候，奥姆斯特德就主张制定设立国家公园以保护这些壮丽景观的政策，这为后来的国家公园系统奠定了理论基础。当 1916 年国家公园署正式成立时，美国景观设计师协会年会也通过决议支持国家公园署法案，并讨论了根据地形和景观单位来设定边界、拟定综合计划等治理国家公园问题的办法。

美国政府极为重视美国景观设计师协会的建议，并倚重景观设计师来指导国家公园系统的发展。景观设计师在自然、历史、文化和风景资源的保护过程中发挥了巨大的作用。

景观规划能使我们比以往更明智地使用我们的资源，自然景观重建将有种群关系的乡土物种重新生长在可以繁衍的场地上以恢复一个地方原有自然风貌的过程，是整修景观的积极方法之一，其目标是重新建立人类移居前的原生植被，模拟当时物种的组成、多样性和分布模式。在美国，对自然式造园的兴趣是向两个方面发展的。一方面是将个人宅地及都市公园建成自然的、不规则的倾向；另一方面则是从教育、保健和休养的目的出发，保留了相当广阔的乡土风景地，这在美国造园的发展中是主要的。保留乡土风景地多半由私人买下，打造成了拥有打猎和捕鱼场地的私人的俱乐部，或是作为一般休养地的地方性俱乐部，但规模最大的、最主要的则是公有的保留乡土风景地，主要有国立公园、国有林、国家纪念物、州立公园、私有林和名胜古迹。

美国的一些国立公园，是在几个偶然的机会中开始建造的。如在 1832 年，阿肯色州的神灵泉保留在温泉城，以后就由国家辟为公园。1872 年，在怀俄明州西北保留着惊奇的间歇泉，在陆军部的监督下辟为国立公园。1890年，国会接收了加利福尼亚州的管辖地，创建了约瑟米提国立公园。同年，为了保护加利福尼亚的红杉巨树，建立了红杉树国家公园和保护区。与此同时，华盛顿州的雷尼尔火山也被列为国家公园。

与国家公园相关联的，是作为公共事业的美国国家纪念物。这些纪念物占地都较小，是根据总统的命令而设置的，与根据国会的法令所建立的国家公园有区别，并由各州的官员管理。一般是有历史价值的纪念物，如史前遗迹或有科学趣味的文物等。

（3）景观生态规划时代

战后美国的工业化和城市化经过一段时间的发展达到高峰，郊区化导致城市蔓延，环境与生态系统遭到破坏，人类的生存和延续受到威胁。在这样一种情况下，麦克哈格成为景观规划最重要的代言人。他于1969年首先扛起了生态规划的大旗，他的《设计结合自然》建立了当时景观规划的准则，标志着景观规划设计专业勇敢地承担起后工业时代重大的人类整体生态环境规划设计的重任，使景观规划设计专业在奥姆斯特德奠定的基础上又大大扩展了活动空间。麦克哈格一反以往土地和城市规划中功能分区的做法，强调土地利用规划应遵从自然固有的价值和自然过程，即土地的适宜性，并因此完善了以因子分层分析和地图叠加技术为核心的规划方法论，这也被称为"千层饼模式"，从而将景观规划设计提高到一个科学的高度，成为景观设计史上一次最重要的革命。

20世纪80年代以后，景观规划设计的服务对象不再局限于一群人的身心健康和再生，因为人类作为一个物种的生存和延续，又依赖于其他物种的生存与延续以及对多种文化的保护。景观规划设计的研究对象扩展到大地综合体，即由人类文化圈和自然生物圈交互作用而形成的多个生态系统的镶嵌体。随着景观生态学的发展，人们逐渐发现，首先麦克哈格的"千层饼模式"只强调垂直自然过程，即发生在某一景观单元内的生态关系，而忽视了水平生态过程，即发生在景观单元之间的生态流；其次，"千层饼模式"强调人类活动和土地利用规划的自然决定论，规划除了认识自然过程就是适应自然过程。

哈佛大学的理查德·福尔曼教授主要的学术研究是将空间格局和科学联系起

来，以使自然和土地上的人和谐相处。他常常被称为景观生态学和道路生态学之父，帮助促进了城市区域生态和规划学的出现。其他研究领域包括变化的土地镶嵌类型、土地保护和利用规划、城市建成空间和绿地类型以及斑块——廊道——基质模型。1986 年他和戈德伦（M.Godron）合著了《景观生态学》一书，该著作第一次综合、详细描述了有助于理解和改善土地利用类型的"斑块——廊道——基质"模型。1995 年他出版了更详细研究景观生态学的书籍，并将研究对象扩展到区域尺度的《土地镶嵌：景观和区域生态学》。

从这一时期开始，景观生态规划理论强调水平生态过程与景观格局之间的相互关系，研究多个生态系统之间的空间格局及相互之间的生态系统，包括物质流动、物种流、干扰的扩散等，并用一个基本的模式"斑块——廊道——基质"来分析和改变景观，以此为基础，发展了景观生态规划模式。以决策为中心的规划模式和规划的可辩护性思想则在另一层次上发展了现代景观规划理论，使自然决定的规划重心回到以人为中心的规划基点，但在更高层次上能动地协调人与环境的关系和不同土地利用之间的关系，以维护人与其他生命的健康与持续。

（4）迈向新世纪的景观都市主义时代

在 20 世纪城市化发展过程中我们看到的一个普遍现象就是基础设施在追求高标准技术要求的同时，正变得越来越标准化，人们仅仅考虑它们技术方面的要求，大部分道路都是单一功能导向的，如河道以防洪为单一目的，被裁弯取直和硬化等，与此同时却忽略了城市基础设施还应具有的社会、审美及生态方面的功能。

近些年来，欧美的许多城市通过对基础设施的重新思考，人们得出城市中的任何空间都应该具有社会价值，不仅仅传统的公园和广场要有，所有城市空间都应该有人文气息。这就需要我们重新审视以专项工程、单一功能为目的城市基础设施建设，将其从拥堵、污染、噪声等对城市的负面影响中解放出来，使之成为城市生活居住的一部分，并以此提升生活品质，满足公众生活需求，改善区域生态环境，提升土地经济价值。设计者需要参与的景观基础设施包括有：雨洪调蓄、污染治理、生物栖息地、生态走廊网络建设；然后在这一景观生态基础上，提供丰富多样的休闲游憩场所，创造多种体验空间，这包括将停车设施、高架桥下的空间、道路交叉口等组成的城市肌理的各个层面加入景观基础设施之中。景观都市主义认为要做好上述这些工作，需要各相关学科的设计者共同合作，全方位地参与到城市生态的全过程，将基础设施的功能与城市的社会文化需要结合起来

景观都市主义描述了当今（城市建设）所涉及的相关学科先后次序的重新排列，即景观取代建筑成为当今城市的基本组成部分。景观已成为一种透视镜，通过它，当今城市得以展示；景观又是一种载体，通过它，当今城市得以建造和延展。景观已从过去以审美为目的的表现技法、再现手法发展成为当今城市建设以及处理所有人地关系的世界观和方法论。景观都市主义把建筑和基础设施看成是景观的延续或是地表的隆起。景观不仅仅是绿色的景物或自然空间，更是连续的地表结构、一种加厚的地面，它作为一种城市支撑结构能够容纳以各种自然过程为主导的生态基础设施和以多种功能为主导的公共基础设施，并为它们提供支持和服务，这种开放的、能预判和参与未来需要并能够行使功能的载体，就是景观基础设施。

景观都市主义带给建筑学、景观设计学一次大融合的机会。它打破长期以来学科之间的藩篱，给城市设计的理论和实践带来了反思；更重要的是，给景观设计学的发展带来了机会。当然，作为新兴的景观规划理论，它还远远没有成熟，其论点还需要更多的实践来验证和说明。

（二）我国现代景观发展历程

现代园林是真正意义上的大众园林，这就要求设计师探索适合大众园林的景观设计理论与方法。不管是中国传统的北方皇家园林还是江南的私家园林，都是时代的产物，其所用的材料、所表达的内容都是与其时代相关的。

1906 年在无锡、金匮两县乡绅等建的"锡金公花园"是中国自己建造的最早的公园，该园特点是采用多建筑、无草地、有假山、自然式水池等中国古典园林的手法。自此，中国人开始有了对国人开放的近代公共园林。1979 年后，随着经济的发展，造园运动再度兴起。

20 世纪 60 年代以来，随着人口增长、工业化、城市化和环境污染的日益严重，生态问题成为全球各界共同关注的焦点。20 世纪 70 年代初，一些学者从环境保护出发，提出了在城市建立林带网的布局模式，在城市郊区营造森林公园、环境保护林、风景林，建立自然保护区、休养疗养城等，构建了一个完善的森林

生态系，将森林引入城市，形成环状放射的林带网。生态学与社会科学的结合开创了生态规划与设计的时代。近30年来以来，园林规划设计广泛利用生态学、环境学以及各种先进的技术如GIS遥感等技术，从而成为环境主义运动中的中坚。20世纪90年代，可持续发展观得到广泛认同，可持续发展观成为我国现代园林规划设计的重要指导思想。

中国现代景观设计的健康发展既不能完全照搬西方现代景观设计模式，也不能一味拘泥于古典模式，在古典园林的藩篱中打转。只有重新认识园林的母体——自然，在新的自然观下来看待祖国广袤丰富的自然形态，研究基址上已有的自然进程和土地肌理，才能冲破束缚，传承和发展中国古典园林中的优秀思想和技巧，营造出既符合人类发展趋势，又具有本土特色和地域特征的优秀景观设计作品。

"外师造化，中得心源"是中国造园的基本要义，在今天的中国，随着城市的急剧扩张和产业更新，大量的城市新区在农田上拔地而起，许多重要的景观设计项目都位于荒地、农田甚至废弃地上，这些基址以及它们所处的环境才是真实的自然、身边的自然、普遍的自然、是城市之外人类最频繁、最深入接触的土地。新自然观下的自然是一个外延广阔的自然，天然的山水风景、劳动的田园风光、绵延的国土景观都是设计师应该研究和考察的对象（可以简要概括为原初的自然、乡村的自然和废弃的自然）。

中国现代景观设计既要继承古训，又要发展古训，我们有必要重新对"师法自然"进行更好的理解，所谓"自然"，不仅仅是名山大川的美好景色，更应该是设计之前场地原有的状况；所谓"师法"，不仅仅是师法自然的形态和外貌，更应该是师法自然的演替规律和生态进程。在新的自然观下去保护自然、管理自然、恢复自然、改造自然和再现自然，在本土的实践中真正做到与自然相协调。

中国过去十年的当代景观设计探索在空间上具有极大宽度，而在时间上又是被压缩了的实践，并且整个社会的变革所蕴含的矛盾和营养以及机遇都反映到设计中来。当代实践的复杂性、矛盾性和多元化并存，设计形式和语言的崛起，是过去近十年中国当代景观设计的普遍特征。我国的城市建设正在经历一个前所未有的飞速发展时期，中国景观学科应当怎样发展，成为摆在我们面前必须深刻思考和解决的问题。我们站在新世纪的远方，对当代城市景观设计做更深的遥望：一座城市的设计必将是体现着设计者融入人类文明、科技文明之后确立可持续发展的规划体系，深思熟虑的智慧结晶。预测未来城市的需要，使城市在可持续发展中推动人类的进步与文明，这就是现代景观规划设计的实质所在。

基于对上述问题的思考，近年来，国内出现了运用当代的设计语言，应对景观触及的当代社会，环境及文化问题的景观理论与设计实践，如以下较有代表性的设计实践：

1. 中山岐江公园

北京大学俞孔坚教授的美国景观设计师协会奖（ASLA）获奖作品中山岐江公园在中国开创性地将现代工业遗存定位为遗产，并使之以新的形象走入大众的日常生活。岐江公园将生态性、当代艺术和平民化的空间结合在一起，并建立起新的设计语言，纯粹的直线、斜线式的大构图打破了传统园林曲径通幽的意象，将空间的潜能向平民释放出来，系列盒子的运用表达了穿越与围合的场所魅力，设计语言和元素的重复运用强调了韵律之美，中山岐江公园是一个综合性的作品，是中国景观设计对当代性探索的完整体现。

2. 厦门园博园"竹园"

北京林业大学王向荣教授在厦门园博园竹园的设计中将带有中国性特征的元素与其一贯简约的设计手法相结合，以白墙、白沙地、钢格栅路径、黑色石条和被认为是中国形神的代表元素之一的竹子等元素，围合成了一个具有强烈中国意味和现代化的开放性园林景观。

3. 中国美术学院象山校区

2012年普利兹克建筑奖得主王澍设计的中国美术学院象山校区其核心理念为回归乡土，并让自然做工，王澍将之诗意地描述为"返乡之路"，场地原有的农地、溪流和鱼塘被小心保留。同时项目有着对资源与能源的思考和可持续方面的关照，王澍利用的江南旧瓦片就是一个典型的符号，在这个项目中，超过700万片不同年代的旧砖瓦被从浙江全省的拆房现场回收到象山新校园，重新演绎了中国本土可持续的建造传统。

　　中国的古典园林设计在很久以前就达到了巅峰，而现代景观规划设计刚刚兴起。中国疆域广阔，自然景观类型丰富，不同环境的建设和发展应当走不同的道路。新景观的建立不应该以抹杀原有景观的所有痕迹、阻碍自然本身的演替进程为前提，而是"在自然上创造自然"，把大地肌理的保留、景观的积累、自然的演替作为一种历史的延续和新景观产生的基础，从而创造出人工与自然协调的环境，创造出属于地区的、属于民族的，也是属于中国的园林景观。

第二章　景观设计要素与构成

　　景观是通过一定的形式语言传达给人们的，形是指形态、形状，式是指式样、样式。景观的基本形式语言包括形态与形体、关联与隐喻、色彩与材质及其表现风格等。

　　本章讲述的是景观设计要素与构成，主要从以下两方面进行具体论述，分别为视觉与空间造型要素和景观设计的构成要素。

第一节 视觉与空间造型要素

一、形态要素

任何物体的形都可以看成是由点、线、面、体构成的。点、线、面、体是构成形态的基本要素。

（一）形态的构成要素

1. 点

点是构成一切事物的基本单位，是一切形态的基础。作为形式的基本要素，一个点可以用来标识一条线的两端、两线的交点、面或体的角上的线条相交处和一个范围的中心。在几何学中，点没有面积，只有位置。但在实际中，点具有相对的大小、面积，以吸引注意力。它的形状可以有多种，但相对于特定的画面来讲，如果面积很微弱，无论其外形如何变化，它都被视作点。在园林中，点可表现为多种多样，如狭长的林荫道尽头的建筑、登山步道上的碑、圆形广场中心点的喷泉雕塑、广阔草坪上点缀的几株高大的椰树、浓荫树下的"树墩"座、水景岸旁的石矶等。

2. 线

点运动成线，点与点之间的联结，面的交界交叉及边沿都能看到或暗示着线。线是造型中最基本的要素，两点之间连接生成线，同时它是面的边缘，也是面与面的交界。在园林景观设计造型里，线的所有种类都可以放在各部结合处。

垂直的线，可以用来限定通透的空间。在几何学里，线无粗细，但在设计活动中，线具有粗细宽窄和长度，如果太短或过分增加线的宽度，线就有可能变成点或面。线分直线、曲线，直线又分水平线、垂直线、倾斜线，曲线分几何曲线和自由曲线。在景观设计中，线的表现最充分也最丰富，如整齐划一的道路绿化带、笔直向上的碑塔、起伏曲折的小径或廊、曲曲折折的水岸线、林缘线、林冠线等。

我们知道，一条线可以作为一个设想中的要素，而不是实际可见的要素，例如轴线、动线。景观空间往往是大的空间采用不对称流水性轴线，小的局部空间则用对称中轴线，或者采用意向轴线（利用山、植物、塔、桥、亭、雕塑等标志物）来设计风景游览线，这种标志物是轴线延续的关键，是空间轴线的意象性存在物。

3.面

面是线的封闭状态，不同形状的线，可以构成不同性质的面。在几何学中，面是线移动的轨迹，点的扩大、线的宽度增加等也会产生面。根据面的不同组合，可分为自然形的面和几何形的面。自然形的面即模仿自然形状的面；几何形的面即用尺规做成的面。几何平面又包括直线形平面和几何曲线形平面。在园林艺术中，面的形式铺盖了园林的大部分范围，如自由曲线的池岸闭合成波光粼粼的水面；随地形起伏的草坪形成一床博大的绿色地毯；方形、圆形、长方形、椭圆形、多边形的广场，广场中央大型的花坛等。

4.体

体是二维平面在三维方向的延伸。它可以是实体的，也可以是虚体的；可以是几何形的，也可以是不规则形的。其中，实体是指由三维要素形成的一个体或空间中的实体，如建筑、地形、树木和森林；虚体是指由平面或其他实体界定所围合的空间。体又可分为粒体、线体和面体。粒体是由相对集中的粒子组合的立体空间形式，给人以活泼、轻快和运动的感觉特征，它具有点的造型形式特点，在立体构成中是形体的最小单位，其形象是任意的。在园林设计中，粒体可以认为是具有各种树形的树木、路边的果皮箱、置石等。线体给人以轻快、活泼的感觉，可以分为两类：一类是静态的线体，如柱子、栅栏、花架等；另一类是以自然或人为的力量为原动力而不断变化的线体，如喷泉等。面体给人一种向周围扩散的力感（张力感），由其限定的空间形式，可分为平面空间和曲面空间。

（二）形态给人的心理感受

吴家骅先生在景观美学比较研究中提出了景观形态学的概念："一处富有活力的景观应当由一个具体的物质实体构成，体现逻辑关系，表达一定的感情，作为设计本质的一部分和兼备一定的词汇、形式，这些因素在景观学交流和语言系统中举足轻重。风景形式的这些意义需要一个系统的研究，这也就是我们将提出风景形态学构想所希望解答的问题"。① 因此，景观形态学中所指的"景观形态"并不仅仅是景观的空间或实体形态，还包括了景观要素的情感表达。

景观的形态本身是没有情感的，但人眼对形状的感觉、经验等因素的结合，会对人自身的心理状态产生影响，其中主要表现在形态给人的方向感和性格联想。

1. 形态的方向感

形态的方向感指不同的形态给人不同的方向指示性。这是由人们长期对特定形体的经验感觉而形成的。如水平线表示水平、稳定；垂直线表明上升或下降；斜线表示一定角度的趋向；自由曲线表明自由、无定向；圆表示中心方向；矩形表示中心、稳定等。

2. 形态的性格联想

形态的性格联想指形态通过主体的视觉审视，而驱使情感外露，像喜好、兴奋、平淡、厌恶，由此赋予形态不同的性格特点。如水平线表示稳定、安详、宁静；垂直线代表尊严、永恒、权力，给人以岿然不动、严肃、端庄的感觉；斜线意味着危险、运动、崩溃、无法控制的感情；放射线表示扩张、舒展；圆形象征优雅、完美；正三角表示稳定，而倒三角表示不安定；正方形代表正直、刚强；曲线、有机形表示活泼，有"人情味"等。

二、尺度要素

（一）尺度的概念

在建筑、景观设计中，尺度是指空间与构成空间的元素相互之间的比例关系，及其与人之间的尺寸和比例的制约关系，它是以人的角度来感知的，也就是指人与物之间的对比关系。

尺度与比例是有不同的，比例是客观事物本身的量之间的比较和关系，其本质是物与物的比较，目的是达成物体本身的和谐关系，而尺度是人与物体之间的比较关系，追求的是人与物体的和谐关系。同时，比例与尺度又是有一定关系的。

① 叶静婕，李昊，周志菲. 大地衍生肌理 场域透析文化 以曲沃曲村天马考古遗址公园晋邦墓区景观规划设计为例 [J]. 建筑与文化，2015（1）：66-69.

比例是尺度的从属概念，是尺度概念的一部分，要有好的尺度，必然要有好的比例，但只有好的比例未必一定有好的尺度。

此外，尺度不同于尺寸。尺寸是指物体的绝对大小，它具有一个精确的数值，而尺度是人对物体体量的视觉估量和心理感受。正如建筑的尺度，只有当人介入其中，即人与建筑发生关系时才可能产生。它通过视觉直观地感知，但是要得到准确的尺度就必须依靠具体尺寸来进行比较，可以说尺寸是尺度的一部分，尺寸可以是某一方面单独的数据，而尺度则是通过物体自身各个部分或物体与其他物体及空间场地尺寸的比较或比例关系而形成。

（二）人体的生理和心理尺度需求

在园林景观空间中，通过对人们行为心理的了解，我们可以把人们在空间中的相互距离分为以下四种：

1. 亲密距离

0～0.45m 是属于一种比较亲昵的距离，在 0.45m 左右的距离之内，我们可以接触到另外一个人，感受到对方的体温以及彼此的呼吸。这是一种相互信任和亲密活动的距离，是一种必须得到同意以后才能进入的距离。在这个距离内，人们很难忽略他人的存在，这个距离内人与人之间的交流可以是耳语。

2. 个人距离

0.45～1.3m 为个人距离或私交距离，这个距离是大多数场所中划分人们可被接受的最小绝对距离，尽管不像亲密距离那么近，但我们仍可能在公共场所中对这个距离内的人感到非常熟悉，也很难忽略掉处于这个距离的人，同样，当被迫处于这样的距离时，陌生人一般会彼此认同。

3. 社交距离

一般认为社交距离的范围为 1.3～4m，在最小的社交距离中，我们仍能清楚地看到对方的面孔，却不会给人以亲密感，多数情况下，我们可以在社交距离内用正常音量交谈。

4. 公共距离

我们把大于 4m 的距离称作公共距离，处于这个范围内较近的距离，例如说当一个陌生人远远走来，到接近你的时候，可能就会令你开始感到不安，因为这是一个距离的临界值。这些数字就是人体的生理和心理尺度需求的表现。

人与景是互动的关系，人主要通过视觉器官感知景物和空间的存在。人的自然尺度在作为衡量的标准被用于规定造物尺度的同时，也决定了审美的尺度。景观设计不只是简单的美化环境，它还应该以满足人们活动休闲的功能为前提，不仅满足人体的静态尺度和行为模式，还要考虑人们心理需求的空间形态，如私密性、舒适性、归属性的获得。景观设计要根据目的考虑主要景物或空间的尺度，如果景物超过人的习惯尺度，就会使人感到宏伟壮观；如果景物的体量符合习惯尺度，就会产生亲切感；如果景物的体量小于习惯尺度，则会使人感到小巧、紧凑、倍加亲切。如故宫前部的殿堂都采用超常尺度，显得宏伟、庄严，后部的御花园，景物与空间尺度均较小，使人倍感小巧、紧凑、亲切宜人。以人作为尺度的度量，继而确定可见的尺度。

相对于社会的主流人群和成人，儿童与老年人以及残疾人属于比较特殊的人群，也是最需要关怀的弱势人群。随着社会的不断发展，这一点也正在日趋为人们所重视，出现了专门研究儿童、老年人以及残疾人生理与心理特征的理论著作。在现代规划的居住区以及公共绿地公园，也都陆续出现儿童与老年人专用的活动场所，因此，在景观设计中，除对成年普通人群的生理及心理进行调查以外，还应该关注弱势群体的尺度与需求。

三、色彩要素

世界是五彩缤纷的，人类生存的每一个空间都充满着绚丽的色彩。色彩，以它变幻无穷的颜色丰富着我们的环境，它是景观设计中最动人的要素。色彩既可以装点生活、美化环境，给人一种美的享受，也是社会发展和精神文明的一种体现。

（一）景观设计中的色彩

色彩是景观设计最基本的视觉和造型要素之一，它能赋予形体鲜明的特征和独特的视觉感受。景观的色彩主要分为自然色、半自然色和人工色。自然环境中裸露的土地、山石、草坪、树木、河流、海滨以及天空等生成的都是自然色。半自然色是指人工加工过但不改变自然物质性质的色彩，在园林景观中表现为人工加工过的各种石材、木材和金属的色彩。而城市环境中所有地上建筑物、硬化的广场路面、交通工具、街头设施、行人服饰等，都是人工产物，它们所生成的都是人工色。城市色彩在很大程度上丰富了城市居民的生活内容，可以使人们在享有自然界恩赐的色彩的同时，也尽可能从更多的方面来探究色彩本身以及更具现实意义的应用，从而使城市人的生活有了更多的趣味性和生动性。

不同的色彩给人以不同的视觉和心理感受。例如，白色给人以明快、洁净、高雅、纯洁的心理感受；黑色给人以理性、严肃、沉重的感受；红色给人以喜庆、热烈之感。在景观造型艺术中，色彩都不是以单一的颜色展现出来，而是由各种颜色相互搭配、组合形成景观效果。

英国著名心理学家格列高里认为："色知觉对于人类有重要的意义——是视觉审美的核心，深刻地影响我们的情绪状态。"[①] 在现代景观设计中，设计师自觉或不自觉地应用着色彩的文化与心理知觉原理，捕捉有色彩的客观物体对视觉心理造成的印象，并将对象的色彩从它们被限定的状态中释放出来，使之具有一定的情感表现力，再赋予其象征性的结构而成为有生命力的景观元素，这里的景观元素即形与色的综合运用。

（二）植物的色彩在景观设计中应注意的问题

在景观设计中，植物在每个季节都有着丰富的颜色，在整个色彩设计中占有绝对的主角地位。因此，在这里，我们来阐述植物色彩在景观设计中应注意的四个问题：

1. 整体性

在景观设计中，首先，通常情况下，景观的各要素是一起出现的，包括植物、建筑、小品、铺装、水体等景观元素，此时植物分为处于支配地位和次要地位两种情况。其次，植物大面积或小面积作为单独观赏对象出现。这里，我们要分析的是当植物处于支配地位和作为单独观赏对象时的配色处理，但不管任何情况，我们的植物色彩设计都不能单独进行，要从整体色彩效果出发。

---

① 百文网.青花纹样在装潢设计中的应用 [EB/OL].（2017-12-23）[2022-12-03].https：//www.oh100.com/peixun/zhuanghuang/415294.html.

2. 绿色基调

通常，不管任何季节，植物都不会少得了绿色。虽然由于季节和光线的原因，植物的绿色也会有深浅、明暗、浓淡的变化，但这些绿色也只是存在着一些明度和色相上的微差，当作为一个整体出现时，是一种因为微差的存在而产生的调和效果。所以布置植物材料尤其是大面积植物时，要以绿色为基调。当我们布置花坛时，绿色的叶由于明度较低而会作为"底"出现，彩度和明度较高的花朵作为"图"而跳了出来，这时，绿色的基调效果会有所减弱。

3. 点缀色

如果不是为了特殊的效果，其他色彩一般作为点缀色而出现，点缀的方式有以下两种：成片涂抹，即把各种植物当作颜料一样在绿色的背景上挥洒，这种情况一般会用花卉或花灌木作为色彩的载体；以少胜多，即在绿色基调上的合适部位适当地点缀些对比色，这时，我们也可以将建筑、小品的色彩加进来，从明度上划分层次，营造空间效果。例如，被称为"都市绿肺"的上海浦东开发区陆家嘴中心绿地，整个色调以大片的草地为主，草皮面积达 6.5 万平方米，地上点缀着造型各异的深绿、浅绿色植物和树木，绿地中央和北部点缀着垂柳、白玉兰、银杏、雪松等花、灌木、乔木类植物，充满生机和活力。

4. 背景效果

背景色对植物的色彩配置有重要的作用。远山、蓝天、大面积的水面均可以像天幕一样充当植物色彩的背景，这三种背景色都属于灰色系，当配置植物作为前景时，明度较高的色调比较合适，但前景和背景之间应该有适当中明度或低明度的色彩过渡。这时，还要考虑色彩空气透视的效果，园林景观中的一些垂直景物，如墙面、绿篱、栏杆等也会充当植物的背景。这时，要根据背景的色彩特性，来配置植物色彩，当背景是冷色调时，如对砖红色的墙根或屋角布置时，作为前景的植物色彩应是暖色调的；当背景是暖色调时，前景应为冷色调；绿色背景主要是利用观叶植物，选择枝叶紧密、叶色浓暗、终年常绿的树木为背景效果最好。绿色的背景，前面可以放置一些明亮色（白、粉红、黄色）的花坛，或开红色花的灌木，总之，要是补色或邻补色。

第二节　景观设计的构成要素

一、地形

（一）地形的概念

景观设计中的地形概念是指测量学中地形的一部分——地貌，即地表各种起伏形状的地貌。景观用地范围内的峰、峦、坡、谷、湖、潭、溪、瀑等山水地形外貌，是景观的骨架，也是整个景观赖以存在的基础。按照景观设计的要求，综合考虑同造景有关的各项因素，充分利用原有地貌，统筹安排景物设施，对局部地形进行改进，使园内与园外在高程上具有合理的关系，这个过程称为景观地貌创作。

（二）地形在景观设计中的作用

地形是景观设计的基底和依托，是构成整个景观的骨架，地形设计布置得恰当与否直接影响到其他要素的设计。地形设计的功能主要包括以下三项：

1. 满足景观功能要求

利用不同的地形地貌，设计出不同功能的场所、景观，组织景观空间，形成优美景观。

2. 改善种植和建筑物条件

利用和改造地形，创造有利于植物生长和建筑的条件，提供干、湿，以及水中、阴、阳、缓陡等多样性环境。

3. 解决排水问题

所形成水面提供多种景观用途，同时具有灌溉、抗旱、防灾作用。

地形对景观具有制约性影响，在传统的园林设计中，在造园风格相近的情况下，地形的不同形成了不同的景观艺术特色。例如意大利的地形特点形成了其台地园的艺术风格，意大利半岛三面濒海而又多山地，所以它的建筑都是因其具体的山坡地势而建的，因此它前面能引出中轴线开辟出一层层台地，分别配以平台、水池、喷泉、雕像等，然后在中轴线两旁栽植一些高耸的植物如黄杨、杉树等，与周围的自然环境相协调，而当意大利台地园传入法国后，因法国多平原，有着大片的植被和河流、湖泊，因此该风格的园林则设计成平地上中轴线对称整齐的规则式布局。

对于自然式园林来说，地形更是园林景观的骨架，如中国古典园林中一个重要的原则"相地合宜，构园得体"。"高方欲就平台，低洼可开池沼"。我国最典型的自然式园林是颐和园，它是在选址的基础上，利用自然地形的特点设计的一处皇家园林，广阔的昆明湖水面是园林布置极好的基础。位于广阔的昆明湖北岸，有一座高达 58m 的万寿山，好像一座翠屏峙立在北面。清澈的湖水好像一面镜子，把万寿山映衬得分外秀丽。湖山景色密切结合成为一个整体。古代的造园艺术家和工匠，在设计和建造这座园林的时候，充分利用了湖山相连这一优越的自然条件，适当地布置园林建筑和风景点，如抱山环湖的长廊和石栏，把湖和山明显地分清而又紧密地连接在一起。

（三）地形的空间塑造

1.利用地形分隔空间

利用地形可有效地、自然地划分空间，使之成为不同功能和景色特点的区域，在划分空间的过程中应从功能、地形和景观特点等方面来考虑，在分隔空间的同时可获得空间大小对比的艺术效果。

避暑山庄按照地形地貌特征进行选址和总体设计，完全借助于自然地势，因山就水，顺其自然，避暑山庄按照地形分宫殿区、湖泊区、平原区和山峦区四大部分。宫殿区位于湖泊南岸，地形平坦，是皇帝处理朝政、举行庆典和生活起居的地方，由正宫、松鹤斋、万壑松风和东宫四组建筑组成；湖泊区位于宫殿区的北面，有 8 个小岛屿，将湖面分割成大小不同的区域，层次分明，洲岛错落，碧波荡漾，富有江南鱼米之乡的特色；平原区位于湖区北面的山脚下，地势开阔，有万树园和试马埭，是一片碧草茵茵、林木茂盛，具有茫茫草原风光的区域；山峦区位于山庄的西北部，面积约占全园的 4/5，这里山峦起伏，沟壑纵横，众多楼觉殿阁、寺庙点缀其间。整个山庄东南多水，西北多山，是中国自然地貌的缩影。山庄整体布局巧用地形，因山就势，分区明确，景色丰富，与其他园林相比，有其独特的风格。

在现代公园设计中，很多也是根据地形来分割空间和区域，一般都结合平地作入口开阔空间设计、把人流量多的公园附属设施安排在靠近公园入口的平地，而把内部起伏较大的山水区域结合安静休息功能景区设计，通过山地的起伏形成丰富的地形变化，凹入的地形结合水和植物可形成私密性较强的空间等。

2. 利用地形形成特色空间

（1）凸地形与开敞空间

当地形比周围环境地形高，则此处空间具有视野开阔的特点，视野具有延伸性，空间呈发散状，此种地形为凸地形。这种空间由于它的地位较为突出、明显，因此常结合一些造景的要素形成空间的主景，当这个造景的要素达到一定尺度，就可以对整个景区形成控制；同时由于地势高，视线不被遮挡，可极目远眺，因此也常常作为观景场所。

（2）凹地形与闭锁空间

当地形比周围地形低，则视线比较封闭，闭锁空间中所见到的风景是闭锁风景，屏障物之顶部与游人视线所成角度愈大，则闭锁性愈强。这也与游人和景物的距离有关，距离越小，闭锁性越强，距离越大，闭锁性越小。闭锁空间，近景感染力强，四周景物，可琳琅满目，但久赏易感闭塞，易觉疲劳。

由于在整体空间中的封闭性特性，可以利用这样的空间营造相对安静和私密的空间，以满足游人多样化需求。考虑此空间的独特特点，可在空间内部设置景观，使之成为景观的中心，这种凹地形常常是安静休憩型的园林建筑及寺观建筑选址的空间。

3. 利用地形来遮挡和引导空间

地形可以遮挡人的视线，遮挡冬季的寒风及街道的噪音，我们可以根据景观的需要，在适当的地方运用地形来满足人们对环境的需要，例如在紧邻城市道路公园的一侧可以结合地形的升高，将道路的噪音隔离出去，同时形成视觉的屏障；另外，如果在景观的冬季主导风向上方设计高地，则可以将地形的变化与微气候的设计结合起来。群山环抱，气势雄伟，放在西北面，可以遮挡冬天的风；而舒坦的向阳面，增加了种植地面。左边流水潺潺，右边盘旋大道，前面荷塘清池。这是中国风俗里风水："左有流水谓之青龙，右有长道谓之白虎，前有污池谓之朱雀，后有丘陵谓之玄武，为最贵地。"[①]

可以利用地形对视线的遮挡和引导来设计空间，例如利用地形采用障景和隔景的手法是中国传统园林中常用的空间处理方法，障景往往用于景观入口自成一景，位于园林景观的序幕，增加景观空间层次，将园中佳景加以隐藏，达到柳暗花明的艺术效果。例如拙政园入园后一座假山挡住视线，不使一览无余，谓之"障景"，绕过假山到达主体建筑"远香堂"，才豁然开朗，一收一放，欲扬先抑，是苏州园林入口常见的处理方式，更为含蓄多趣。而隔景也可以分为实隔和虚隔，采用山石地形隔景为实隔，而采用水面隔景为虚隔，通过地形的变化，园景虚实变换，丰富多彩，引人入胜。

二、园路

园路是观赏景观的行走路线，是景观的动线，包括道路广场等各种铺装地坪，它是园林不可缺少的构成要素，是园林的骨架、网格。

（一）园路的功能

园路和多数城市道路不同之处在于除了组织交通、运输，其更重要的是在景观上的作用。园路通过对导游路线和风景视线的组织，引导游人按照设计的意图、路线、角度来欣赏景观风景，并按照景观连续构图的展示程序逐渐展示园景，从而让人感受到步移景异的景观特色。因此在景观设计时，应考虑将园路和景观有机结合，同时注意园路与景观节点的结合，使人在行走的过程中也可以体会到优美的景色。另外，园路、广场的铺装、线形、色彩等本身也是园林景观的一部分。

（二）园路的类型和尺度

园路和广场的尺度、分布密度应该是人流密度客观、合理的反映。"路是走出来的"，也说明，人多的地方，尺度和密度应该大一些；休闲散步区域，人流量小的地方要小一些，如果不遵循基本的原则，就不能发挥园路的合理作用，例

---

① 北京乾圆国学文化研究院.易学与建筑环境学 上 [M].北京：北京工艺美术出版社，2018.

如有些地方为了追求开阔的景观效果，故意增加硬制铺装的面积，这不仅增加建设投资，也导致终日暴晒，行人屈指可数，于生态不利。

一般园林的园路根据性质和功能可分为以下三种：

1. 主要道路

主要道路需联系全园，必须考虑通行、生产、救护、消防、游览车辆，宽为7～8m。

2. 次要道路

次要道路需沟通各景点、建筑，通轻型车辆及人力车，宽为3～4m。

3. 休闲小路

双人行走道宽1.2～1.5m，单人行走道宽0.6～1m。休闲小路可在山上、水边和树林中，多曲折自由布置。

（三）园路的规划设计原则

1. 园路设计的风格应与景观设计的整体风格相一致

直线形的园路适合规则式园林中，而自由曲线形的园路较适合自由式园林，因此，首先应分析景观的特点和功能的需要，再进行园路设计。但在现代综合性景观设计中，大多数情况是在园林中采用一种方式为主的同时，也可以用另一种方式补充，当然这也是和局部园路设计所需要的功能和表达的氛围相协调的。例如许多公园的入口处采用直线形和规整式园路，以突出主入口的气势，而在公园的内部游览区域却采用自由式曲线形的园路，以体现休闲娱乐的特点。

2. 交通性从属于游览性

园路既有交通作用，也有游览作用，当景观道路肩负以交通为主导的作用时，在景观设计中应考虑其便捷性的原则。例如校园景观中的道路，如果规划得不合理，就会发现在不希望被踩踏的草地上会留下一条践踏出的小路，而这条小路又恰恰是交通最便捷的路线。但从景观总体来看，大多数情况下园路的游览作用应该是居首位的，因此园路的设计不应以便捷为原则，而是根据地形的要求、景点的分布等因素，因地制宜地布置，园路适当地曲折迂回可以增加游览的时间及对景物多视角的观察，同时曲线形的道路也较适合轻松悠闲的园景特色，但道路的迂回曲折应有度，不可为曲折而曲折，矫揉造作，让游人走冤枉路。另外，由于游人一般不愿走回头路，因此，主要园路应尽可能布置成环状。

园路的游览特性还表现在园路为游览所创造的各种条件上，在满足这些要求的同时，也可以使园路变得更丰富。例如园路可以根据功能需要采用变断面的形式，如转折处不同宽狭；路旁安放过路亭；还有园路和小广场相结合等。这样宽狭不一，曲直相济，反倒使园路多变，生动起来，做到一条路上休闲、停留和人行、运动相结合，各得其所。

3. 园路的布局应主次分明、密度得体

园路系统必须主次分明、方向明确，园路的主次可以通过不同的宽度和不同的路面铺装方式来区分，同时园内主要的景点应与主要园路相联系，从而使大多数人都可以游览到；另外，注意园路设计的方向性，避免引起人们辨别的困难甚至造成迷路。

园路的疏密与景区的性质、地形和游人量多少有关，一般景区出入口、娱乐区、展览区等游人较集中的地方，园路密度可高些，而安静休息区或地形较复杂区域，园路密度可低些。考虑到园路所具有的分割空间的特性，因此要结合空间进行设计，园路过密，会使空间分割过碎；而园路密度不够，可能造成容量过大的弊病。

三、水景

水是园林艺术中不可缺少也最富魅力的一种园林要素。古人称水为园林中的"血液""灵魂"。古今中外的园林，对于水体的运用非常重视。在各种风格的园林中，水体均有不可替代的作用。

（一）水景的主要类型

水景从其大的方面分，可分为静水和动水两种，水的静态具有平静、幽深、凝重、平远开阔的特点，水的动态则具有明快、活泼、多姿、形声兼备的特点。而动水的应用十分广泛，具有多种形式，根据水的自然状态，包括静水、流水、落水和喷水四种。

1. 静水

静水在自然界中无处不在，如大海、湖水、静静的小溪。静水在景观中的应用主要表现在借助河流、湖泊的开放性，形成气势磅礴的景观效应。平静的水池，能映照出天空和建筑物等，水中的景物给人以亦真亦幻的感觉，利用水池的深度和水池的表面色调，可以营造出不同的景观。在国内水景的应用数不胜数，大水面的应用如颐和园中的昆明湖，烟波浩渺，视野开阔；避暑山庄、拙政园等水面不刻意追求水面之大，而是用水陆相互迂回的方法，带来引人入胜的感觉。

2. 流水

流水是自然界带状的水面，它既有狭长曲折的形状，也有宽窄、高低的变化，还有深远的效果。流动的水具有活力和动感，给人一种欢快的心情。景观设计中，经常用小小的溪流在广场、居住区、校园营造一种生动活泼的气息。同时，水流动时发出的声响是大自然的天籁之声。因为大自然中有这样的美景，才有景观中的八音涧、玉琴峡。流水的运用还表现了山林野趣，在人们迫切希望回归自然、返璞归真的今天，可以把自然界充满活力的水引入人们的日常生活中，再用植物、山石等配置，渲染自然界的乐趣。

3. 落水

（1）瀑布

落水是从高处突然落下形成的，自然界中落水的主要形式为瀑布，如尼加拉瀑布、黄石国家森林公园的厄珀瀑布和托尔瀑布，中国的黄河壶口瀑布和贵州的黄果树瀑布等，适合城市环境的瀑布多为人工瀑布。瀑布按其跌落形式分为滑落式、阶梯式、幕布式和丝带式等多种，并模仿自然景观，采用天然石材或仿石材设置瀑布的背景和引导水的流向（景石、分流石、承瀑石等）。做法是用泵将水打上墙的顶部，而后水沿墙壁形成一个连续的帘幕从上往下挂落，如美国波特兰市演讲堂前庭广场的瀑布设计，混凝土组成的方形广场上方，一连串的清澈水流从上层开始以激流涌出，汇聚到下方的水池中。考虑到观赏效果，不宜采用平整饰面的白色花岗石作为落水墙体。为了确保瀑布沿墙体、山体平稳滑落，应对落水口处山石作卷边处理，或对墙面作坡面处理。在景观造景中，追求瀑身的变化，创造多姿多彩的水态，营造出一种"飞流直下三千尺，疑是银河落九天"的意境。

（2）叠水

水分层连续流出，或呈台阶状流出称为叠水。中国传统园林及风景区中，常有三叠泉、五叠泉的形式，外国园林如意大利的庄园，更是普遍利用山坡地，造成阶式的叠式。台阶有高有低，层次有多有少，构筑物的形式有规则式、自然式及其他形式，故能产生形式不同、水量不同、水声各异丰富多彩的叠水。

（3）喷水

喷水是指水从下而上的造景方式，主要包括天然喷泉和人工喷泉。世界著名的天然喷泉在美国的落基山脉禁猎区的高地上，景色十分壮观。而能够大量使用的是人工喷泉，完全依靠喷泉设备造景。城市中设置的喷泉已十分先进、灵活多变、花样翻新、可大可小、可高可低。喷射出的水，大者如珠，小者如雾，随着喷泉构筑物的形式、大小及水压等而产生高低不同、水态各异，形式多样的喷泉，不同喷泉的类型的具体名称和主要特点如表 2-2-1 所示。

表 2-2-1 喷泉景观的分类和主要特点

名称	主要特点
壁泉	由墙壁、石壁和玻璃板上喷出，顺流而下形成水帘和多股水流
涌泉	水由下向上涌出，呈水柱状，可独立设置也可组成图案
间隙泉	模拟自然界的地质现象，每隔一段时间喷出水柱和气柱
旱地泉	将喷泉管道和喷头下沉到地面以下，喷水时水流回落到广场硬质铺装上，沿地面坡度排出，平时可作为休闲广场
跳泉	射流非常光滑稳定，可以准确落在受水孔中，在计算机控制下，生成可变化长度和跳跃时间的水流
跳球喷泉	射流呈光滑的水球，水球大小和间歇时间可控制
雾化喷泉	由多组微孔喷泉组成，水流通过微孔喷出，看似雾状，多呈柱形和球形
喷水盆	外观呈盆状，下有支柱，可分多级，出水系统简单，多独立设置
小品喷泉	从雕塑器具（罐、盆）的伤口中和动物（鱼、龙等）口中出水，形象有趣
组合喷泉	具有一定规模，喷水形式多样，有层次，有气势，喷射高度高

（二）自然水景的构成要素

自然水景与海、河、江、湖、溪相关联。这类水景设计必须服从原有自然生态景观，自然水景与局部环境水体的空间关系，正确利用借景、对景等手法，充分发挥自然条件，形成纵向景观、横向景观和鸟瞰景观。应能融合景观内部和外部的景观元素，创造出新的亲水景观形态。水景的构成要素包含水体、沿水和驳岸等，如表 2-2-2 所示。

表 2-2-2　自然水景的构成要素

景观元素	内容
水体	水体流向、色彩、倒影、溪流和水源
驳岸	沿水道路、沿岸建筑（码头、古建筑等）、沙滩和雕石
水上跨越结构	桥梁、栈桥和索道
水边山体树木（远景）	山岳、丘陵、峭壁和树木
水生动植物（近景）	水面浮生植物、水下植物和鱼鸟类
水面天光映衬	光线折射漫射、水雾和云彩

1. 驳岸

驳岸是亲水景观中应重点处理的部位。驳岸与水线形成的连续景观线是否与环境相协调，不但取决于驳岸与水面之间的高差关系，还取决于驳岸的类型及用材的选择。

驳岸的高度、水的深浅设计都应满足人的亲水性要求，驳岸（池岸）应尽可能贴近水面，以人手能触摸到水为最佳。亲水环境中的其他设施（如水上平台、汀步、栈桥和栏索等），也应以人与水体的尺度关系为基准进行设计。

2. 景观桥

桥在自然水景和人工水景中都起到不可缺少的景观作用，其功能作用主要有形成交通跨越点；横向分割河流和水面空间；形成地区标志物和视线集合点；眺望河流和水面的良好观景场所，其造型本身具有独特的自身的艺术价值。

3. 木栈道

邻水木栈道为人们提供了行走、休息、观景和交流的多功能场所。由于木板材料具有一定的弹性和粗朴的质感，因此行走其上比一般石铺砖砌的栈道更为舒适。木栈道由表面平铺的面板（或密集排列的木条）和木方架空层两部分组成。

四、植物

在景观设计中植物占有重要的地位，植物不仅可以维持生态平衡，并且具备美化环境的作用，在大多数园林绿地的设计中，应以植物造景为主，以小品设施为辅。植物的选择和配置要具有科学性和艺术性。合格的景观设计师必须了解植物的美学特征及植物的配置方式。

（一）植物的美学特征

1. 植物的形态美

变化多样的植物外形是植物造景中的一个重要元素，在植物景观中可以依靠植物天然的基本形态来塑造、各种艺术形式来表现，使景观丰富多彩、生动而富有魅力，在植物中木本植物的外形变化较多，构成空间和形成各种氛围多用树木。针对千姿百态的植物，大致可以归纳出如下一些基本形态。

（1）尖塔形、圆锥形

尖塔形、圆锥形多用在规则式园林或纪念性区域，规则在应用时多形成庄严、肃穆的气氛，与阔叶树搭配时则可形成起伏多变的天际线，如雪松、金钱松、冷杉、云杉、幼龄的松树和柏树。

（2）圆柱形

圆柱形具有向上的方向感，列植形成夹景，或与其他形状的树木配置形成多变的林冠线，如落羽杉、木麻黄和钻天杨。

（3）圆球形

圆球形规划式种植时也可形成整齐、规则的形态，有着较严肃的气氛，但较尖塔、圆锥形形成的气氛要活跃一些，多在入口、花坛、草地、角隅等处布置，如海桐、小叶黄杨。

（4）垂枝形

垂枝形如垂柳，形态轻盈、优雅活泼，再加上良好的耐水性，适合在水边、草地上种植。

（5）拱枝形

拱枝形枝条长而略下垂，可形成拱券式或瀑布式的景观。如迎春花，在地上或建筑物顶端任其下垂。

（6）匍匐形

匍匐形枝干直立，匍匐在地面，多用作地被，如沙地柏、爬地柏、爬行卫矛、平枝旬子。

（7）藤本

藤本茎无直立性，需借用其他物体，如花架、门廊、栏杆、枯树、山石、墙面等支撑，形成空间多层次景观，代表性植物如紫藤、葡萄、金银花、凌霄和络石等。

树木的形态大致有以下视觉特征：一般针叶树的针叶结构比较紧密，体积感强，色彩一般偏灰绿色，给人严肃、庄重的感觉；常绿阔叶树一般树冠大、枝叶密集，枝叶结构紧凑，叶片较厚，色彩偏浓绿的多，因此视觉上偏重于稳重厚实感；落叶树一般以自由形态为多，色彩偏明亮的绿，到秋天则变为暖色系，因此落叶树给人动感的、变化的、随和的、自然的视觉特点和心理感受。

植物的形状在景观的营造中具有很强的表达能力，形状之间可以是和谐的，也可以是相异的，但醒目的对比和多种形状的混合容易产生不协调的感觉。如果要突出植物的形状在造景中的地位，可以通过植物群植，植物群落的重复，突出植物的层次感来达到预期的效果。

如果把形状差异较大的植物放置在一起，例如把一个圆锥形的植物放在一群球形植物当中，就会将人的视线直接吸引过去，效果很突出，但也要注意整体的和谐，尤其不能对建筑形成喧宾夺主的效果。要取得群集形状及线条的和谐，形状上应有一些重复，重复会形成节奏感，以一种相似形状与线条结合贯穿于园林设计中，这样就能把整个设计整合起来。

2.植物的色彩美

色彩在视觉领域中最具有表现力和感染力，在景观的色彩运用中，植物的色彩是造景的最重要的部分，原因是植物的色彩是极其丰富的，植物的花、果、叶、枝、树皮是植物色彩的源泉。一般来说，树叶色彩是主要的、有大面积效果的。

对落叶树来说，树干的色彩在冬季便成了重要的因素。植物的色彩能吸引注意力，影响情绪，创造气氛，在一个作品中展现出特定的效果。花色和果色有季节性，持续时间短，只能作为点缀，不能作为基本的设计要素来考虑。

在植物景观设计中基本要用到两种色彩类型：一是背景色或者称为基本色，起柔化剂的作用以调和景色，它在整个结构中应当是一致的，色彩均匀的、悦目的；二是重点色，用于突出作品的某种特质。植物色彩配置一般情况下主要包括以下四种：

（1）单色配置

单色配置是指在同一颜色之中，浓淡明暗相互配合，不同明度和饱和度的同一色相的色彩进行配置，这种方式易取得统一、和谐的效果，并且能使人的注意力集中于设计的细节与精细上，种植的构成和韵律得到强调，植物的结构和叶、枝、花等更易于引起人的注意，整体效果和谐。但单色配置必须改变明度、饱和度来进行组合，打破单调，提升表现肌理，同时植物选择在形状、排列、光泽、质感上也应加以变化、增加趣味。

（2）近似色配置

近似色是指使用色轮上相邻或相近的两至三种颜色进行组合。近似色有相当强的共同调和关系，又有比较大的差异，可以在统一中有变化，易取得和谐的色彩效果，因此使用较多。如果加上明度和饱和度的变化，更可以营造出各种各样的调和状态。

（3）对比色配置

对比色配置是集中两种在色轮相差180°的色彩之间的组合。对比色的配色平常被用得很多，因为可以获得现代、活泼的效果。但需要避免过多激烈的对比出现，以免引起人的视觉疲劳，需要在形状、色的明暗深浅上谨慎地选择，使植物在色彩、质感或结构上既有共同点的存在，也有对比的存在。在一个相似色的配置中，加入对比色，能有效地吸引视线，并造成停留，从而形成焦点景观。

（4）混色配置

混色配置包含了多种色彩，只是量都不大，这种情况通常出现在空间有限而又不愿拘泥于色彩限制的场景中，处理不好可能造成杂乱喧嚣的结果。另外，植物的色彩设计要遵循色彩学的一般原理，例如色彩心理学。因此，在设计中，应注意以下的原则：明亮的色彩有兴奋和刺激的作用，人有倾向于明亮色彩的心理倾向；柔和或者冷的色调有助于使人平静或放松。

（二）植物的配置方式

1. 孤植

孤植是指单株乔木孤立种植的配置方式。孤植树下不得配置灌木。孤植树作为局部空间的主景，供人观赏；还可起庇荫作用，供人休息、眺览。宜选择树冠开张，体形雄浑，生长健壮，寿命较长，不含毒素，没有污染，具有一定观赏价值的树种，如雪松、黄山松、金钱松、香樟、榕树、鹅掌楸、鸡爪槭、垂柳、樱花、梅花、桂花、银杏、合欢、枫香、重阳木和七叶树等。但在具体选择上应充分考虑当地的地理条件和具体要求。

孤植树种植的位置，总的来讲，要求比较开阔，作为局部构图主景的孤植树，应安排合适的观赏视距和观赏点，使人们有足够的活动场地和适宜的观赏位置。在配置孤植树时，必须充分考虑孤植树与周围环境的关系，要求体形与其环境相协调，色彩与其环境有一定差异。

2. 对植

对植是指两株树按照一定的轴线关系对称或均衡种植的配置方式。主要用于强调公园、建筑、道路、广场的入口，用作进口栽植和诱导栽植。在园林构图中始终作为配景，起陪衬和烘托主景的作用，如利用树木分支状态或适当加以培育，形成相依或交冠的景框，构成框景。

3. 列植

列植是指树木按一定的株行距成行成列栽植的配置方式。列植形成的景观比较整齐、单纯、气势，列植与道路配合，可构成夹景。列植多运用于规则式种植环境中，如道路、建筑、矩形广场、水池等附近。列植具有施工、管理方便的优点。栽植形式有等行等距和等行不等距两种基本形式。栽植间距取决于树木成年冠幅大小、苗木规格和园林主要用途，如景观、活动等。

4. 丛植

丛植通常是指由两株到十几株树木组合种植的配置方式。丛植所形成的种植类型是树丛。树丛的组合，主要表现的是树木的群体美，但也要在统一构图中考虑表现单株的个体美，所以选择作为组成树丛的单株树木的条件与孤植树相似，即必须挑选在庇荫、姿态、色彩、芳香等方面有特殊观赏价值的树木。

5. 群植

群植通常是指由 20～30 株树木混合成群种植的配置方式。群植所形成的种植类型称为树群。树群和树丛相比，除组成树群的单株数量较多外，更主要的不同点是树群并不把每 1 株树的全部个体美表现出来，在林冠的树木可只表现其树冠部分的美，在林缘的树木可只表现其外缘部分的美，树种的选择对单株的要求也没有树丛那样严格，它主要是表现植物的群体美，并以此构成园林局部空间的主景。

6. 林植

园林中以大量树木进行栽植的配置方式，称为林植。林植所形成的种植类型称为树林，又称风景林。树林多用于大面积公园的安静休息区、风景游览区或疗养区及卫生防护林带等。树林按种植密度可分为密林和疏林，按林种组成又可分为纯林和混交林。

第三章　景观设计空间与组织

　　景观设计是从空间划分开始的。可以说，景观空间设计是景观设计的核心部分。空间是景观设计的最终体现，通过空间的使用，可以向游人展现设计的内涵和功能。

　　本章讲述的就是景观设计空间与组织，主要从以下三方面展开具体论述，分别为景观空间的解读、景观空间的形式和景观空间的组织与规划。

第一节　景观空间的解读

一、景观空间的概念

景观空间是相对实体而言的，是由一个物体与感受者之间的相互关系所形成的，是根据视觉确定的。自然界可看作无限延伸的，其中的事物相互限定，就形成自然空间，景观空间是由人创造的、有目的的外部环境，是比自然空间更有意义的空间。所以，景观空间设计就是创造这种有意义的空间的技术。

空间的形成，是由实体要素在自然空间中单独或共同围合成具有实在性或暗示性的范围。这些实体要素包括一切自然要素和人工要素。自然要素包括植物、水体等。人工要素包括城市建筑、构筑物、街廊设施等。

建筑空间根据常识来说是由地板、墙壁、天花板三要素所限定的，而景观空间可以说是比建筑空间少一个或两个要素的空间。

二、景观空间的分类

（一）根据空间的围合程度分类

空间是由多个界面围合而成的。空间的界面可以是实体，也可以是虚面；可以是开敞的，也可以是封闭的。不同的空间形态满足不同的功能需要。

1.封闭空间

封闭空间多用限制性较强的材料来对空间的界面进行围护，割断了与周围环境的流动和渗透，无论是在视觉、听觉和空间的小气候上都具有较强的隔离和封闭性质。封闭空间的特点是内向、收敛和向心的，具有很强的区域感、安全感和私密性，通常也比较亲切。但过于封闭的空间往往给人单调、沉闷的感觉，所以，当私密程度要求不是特别高时，可以适当地降低它的封闭性，增加其与周围环境的联系和渗透。

2.半开敞空间

半开敞空间是介于封闭空间和开敞空间之间的一种过渡形态。它既不像封闭空间那么具有明确的界定和范围，也不像开敞空间那样完全没有界定，呈开放状态。

3. 开敞空间

相对封闭空间而言，开敞空间的界面围护限定性很小，常常采用虚面的方式来构成空间。它的空间流动性大，限制性小，与周围的空间无论从视觉上还是听觉上都有相当的联系。开敞空间是向外性的、向外扩展的。相对而言，人在开敞空间环境里会比较轻松、活跃、开朗。由于开敞空间讲究的是与周围空间的交流，所以常常采用对景、借景等手法来进行处理，做到生动有趣。

（二）根据对空间的心理感受分类

从人对空间的心理感受上分类，景观空间可分为静态空间和动态空间两类。不同的空间状态会给人不同的心理感受，有的给人平和、安静的感觉，有的给人流畅、运动的感觉。不同的功能要求和空间性质需要提供相应的空间感受。

1. 静态空间

静态空间是为游人休憩、停留和观景等功能服务的，是一种稳定的、具有较强围合性的景观空间。反映在空间形态上是一种趋于"面"状的形式，空间构成的长宽比例接近，可以是有明确几何规律的方形、圆形和多边形，也可以是不规则的自然式形态。

2. 动态空间

动态空间形态最直观的表现是一种线性的空间形式，可以是自然式或规则的线形所形成的廊道式空间。空间具有强烈的引导性、方向性和流动感，线性空间尺度越狭窄，这种流动感就越强。

三、景观空间的限定

景观设计也可以说是"空间设计"。目的在于给人们提供一个舒适而美好的外部休闲憩息的场所。景观艺术形式的表达得力于空间的构成和组合。空间的限定为这一表达的实现提供了可能。空间限定是指使用各种空间造型手段在原空间中进行划分，从而创造出各种不同的空间环境。

景观空间是指在人的视线范围内，由树木花草（植物）、地形、建筑、山石、水体、铺装道路等构图单体所组成的景观区域。空间的限定手法，常见的有围合、覆盖、高差变化以及地面材质的变化等。

（一）围合

围合是空间形成的基础，也是最常见的空间限定手法。室内空间是由墙面、地面、顶面围合而成的。室外空间则是更大尺度上的围合体，它的构成元素和组织方式更加复杂。景观空间常见的围合元素有建筑物、构筑物、植物等。围合元素构成方式不同，被围起的空间形态也有很大不同。

空间的围合感是评价空间特征的重要依据。

（二）覆盖

覆盖是指空间的四周是开敞的，而顶部用构件限定。这如同下雨天撑伞，伞下就形成了一个不同于外界的限定空间。覆盖有两种方式：一种是覆盖层由上面悬吊；另一种是覆盖层的下面有支撑。

（三）高差变化

高差可以带来很强的区域感。当需要区别行为区域而又需要使视线相互渗透时，运用基面变化是很适宜的。例如，要使人的活动区域不受车辆的干扰，与其设置栏杆来分隔空间，不如在二者之间设置几级台阶更有效。基面存在着较大高差，空间还会显得更加生动、丰富。

利用地面高差变化来限定空间也是较常用的手法。地面高差变化可创造出上升或下沉空间。上升空间在较大空间中，将水平基面局部抬高，被抬高空间的边缘可限定出局部小空间，从视觉上加强了该范围与周围地面空间的分离性。下沉空间与前者相反，是使基面的一部分下沉，明确出空间范围，这个范围的界限可以用下沉的垂直表面来限定。

上升空间具有突出、醒目的特点，容易成为视觉焦点，如舞台等。它与周围环境之间的视觉联系程度受抬高尺度的影响。基面抬高较低时，上升空间与原空间具有较强的整体性；抬高高度稍低于视线高度时，可维持视觉的连续性，但空间的连续性中断；抬高超过视线高度时，视觉和空间的连续性中断，整体空间被划分为两个不同空间。

下沉空间具有内向性和保护性，如常见的下沉广场，它能形成一个和街道的喧闹相互隔离的独立空间。下沉空间视线的连续性和空间的整体性随着下降高度的增加而减弱。下降高度超过人的视线高度时，视线的连续性和空间的整体感被完全破坏，使小空间从大空间中完全独立出来。下沉空间可同时借助色彩、质感和形体要素的对比处理，来表现更具目的性和个性的个体空间。

此外，基面倾斜的空间，其地面的形态得到充分的展示，同时给人以向上或向下的方向上的暗示。

（四）地面材质变化

通过地面材质的变化来限定空间，其程度相对于前面三种来说要弱些。它形成的是虚拟空间，但这种方式运用得较为广泛。

地面材质有硬质和软质之分。硬质地面指铺装硬地，软质地面指草坪。如果庭院中既有硬地也有草坪，不同的地面材质呈现出两个完全不同的区域，那么在视觉上就会形成两个空间。硬质地面可使用的铺装材料有水泥、砖、石材、卵石等。这些材料的图案、色彩、质地丰富，为通过地面材质的变化来限定空间提供了条件。

利用地面材质和色彩的变化，可以打破空间的单调感，也可以实现划分区域、限定空间的功能。无论是广场中的一小片水面、绿地，还是草坪中的一段卵石铺就的小路，都会产生不同的领域感。例如，地面铺砌带有强烈纹理的地砖会使空间产生很强的充实感，调节人的心理感受。有时想让空间有所区分，又不想设置隔断，以免减弱空间的开敞，利用质感的变化可以很好地解决这个问题。比如，在广场上将通道部分铺以耐磨的花岗岩石板，其余的部分铺以彩色水泥广场砖，就能达到上述效果。

第二节　景观空间的形式

一、城市公园景观空间

（一）综合公园

综合公园一般是指市区范围内面积较大，自然环境良好，休息、活动及服务设施完备，为公众提供开展休息、文化娱乐等各类户外活动的场所，具有综合性功能的绿地空间。综合公园内有明确的功能分区，有风景优美的自然环境和丰富的植物种类，四季都有景可赏。综合公园占地面积通常比较大，能适应不同人群的要求。

综合公园按服务范围可分为全市性公园和区域性公园。全市性公园为全市居民服务，是占地面积最大的城市公园，位于市民乘车 30 分钟到达的位置。区域性公园是指在城市中为满足不同区域的居民需要而设立的。区域性公园的位置以市民步行 15 分钟能够到达确定。综合公园设置的数量应综合考虑城市的大小、规模、性质、用地条件、气候等因素确定。

一般对综合公园的游人容量有要求。在节假日里，游人的容量为服务范围内居民人数的 15%～20%，每个游人在综合公园中的活动面积为 10～15m²。综合公园往往是举办节日游园活动、介绍时事新闻、为青少年和老年人组织集体活动的重要场所。综合公园中的自然要素和人工要素应能潜移默化地影响游人，寓教于乐，陶冶游人的情操，放松游人的心情。综合公园在城市中的位置，应在城市绿地系统规划中结合河湖系统、道路系统和生活居住地的规划情况确定，保证既能最大限度地利用原有的自然要素，又拥有比较好的可达性。

（二）社区公园

社区公园是指为一定居住用地范围内的居民服务，具有一定的活动内容和设施的城市公园。社区公园是居民进行日常娱乐、散步、运动、交往的公共场所。在通常情况下，社区公园包括居住区公园和小区游园。社区公园与居民的生活关系密切，规模根据居住区的规模和人口数量而定。社区公园应充分考虑到儿童和老年人的需求，设置足够的儿童活动设施，同时满足老年人的游憩需要。

（三）专类公园

1. 儿童公园

儿童公园是指专门为儿童设置的专类公园。它的服务对象主要是儿童和带儿童的成年人。儿童公园应充分满足儿童的各种需求，以儿童的生理、心理和行为特征为核心进行设计。

通常，儿童公园面积不宜过大，可按照不同年龄儿童使用比例划分用地。儿童公园应建在日照好、通风佳、交通安全的地段，用色明亮，造型活泼，绿化率高，植物配置无毒无刺，有利于儿童的成长。

2. 历史名园

历史名园是指历史悠久、知名度高、体现传统造园艺术并被审定为文物保护单位的田林绿地，属于文化遗产，如北京颐和园、苏州拙政园、南京的雨花台和中山陵、成都的杜甫草堂等。历史名园设计要强调其纪念性和教育性，同时提供一定的休憩和游览场所。

3. 体育公园

体育公园在通常情况下是指以体育运动为主题的专类公园。体育公园把体育健身场地和生态园林环境巧妙地融为一体，是体育锻炼、健身休闲型公共场所。体育公园有较完备的体育运动和健身设施，为各类比赛、训练及市民的日常休闲健身和运动提供服务，是含有体育设施的城市公园。

4. 主题公园

主题公园又称为主题游乐园或主题乐园，是以某个特定的内容为主题建造出的民俗、历史、文化和游乐空间。主题公园是现代旅游发展的主体内容和未来旅游发展的方向。主题公园呈现出了与其他专类公园不同的特色，其是以主题情节贯穿整个游乐项目的休闲娱乐活动空间。

（四）带状公园

带状公园是指结合城市道路、城墙、水系、铁路等设施建设的公园，其具有一定的游憩功能并配有设施的狭长形绿地。带状公园是城市绿地系统颇具特色的构成要素，承担着城市生态廊道的职能。

带状公园是区域人群集中的场所，必须提供足够的活动场地。带状公园的地形受到限制，但最窄处必须满足游人通行、绿化种植带延续和小型休息设施布置的要求。带状公园有很强的导向性。进行带状公园设计时，在创造整体气势的同时，应注重在空间序列中形成人性化的层次空间，以便让人们发掘耐人寻味的细节。

（五）街旁绿地

街旁绿地是指位于城市道路用地之外，一般处在重要的交通节点上，人流、物流较为集中，相对独立成片的绿地。街旁绿地要坚持以"以人为本"的设计理念为指导思想进行设计。常采用敞开形式，即使有围护，通透性仍然较强。街旁绿地能给过往的行人带来较为强烈的视觉冲击，给行人留下深刻的印象，可作城市的"名片"，起到良好的城市宣传作用。

二、城市广场景观空间

现代城市广场是为了满足城市功能的需要而建设的，是城市开放空间的重要组成部分。随着时代的进步，城市广场的种类不断增多，按照形态，城市广场分为规整形广场、不规整形广场和广场群等；按照主要功能，城市广场分为市政广场、纪念性广场、商业广场、交通广场、文化广场等。实际上，每一种城市广场都或多或少具备其他类型城市广场的某些功能。所以，以主要功能为依据对城市广场进行分类也是相对的。

（一）市政广场

市政广场一般坐落在城市的中心区，多用于为政治文化集会、庆典、游行、检阅、传统的节日活动提供场地。市政广场与城市的主干道相连接，便于人们集中和疏散。市政广场面积较大，设有纪念性建筑或纪念碑，布置在市政建筑或者重要的行政建筑旁边，作为市民参与市政的一种象征。在重大节日，市政广场可用于民众集会；在平时，市政广场可供人们游览和开展一般的活动。市政广场应具有良好的可达性和流通性，通向市政广场的主干道应有相当的宽度和道路级别，以满足大量密集人流畅行的要求。

市政广场最初作为市政府与市民定期对话和组织大型集会的场所，布局一般较为规则，通常采用对称格局，以凸显稳重、庄严的视觉效果（这也受到市政广场建筑布局的影响）。市政广场应提供足够的硬质场地，谨慎设置高差，且场地铺装应素雅、有层次。市政广场在植被种植方面应以规则式布置为主，且植物的色彩应协调、统一，以求与整体空间气氛相吻合。北京天安门广场就是市政广场。

（二）商业广场

商业广场主要为商业贸易活动服务，一般位于城市商业繁华地区，交通便利。为了满足市民购物的需要，有些商业广场把室内商场与露天市场、半露天市场结合在一起。除购物需求外，商业广场还能满足人们休息、娱乐、交友、餐饮等需求，是城市中最具活力的广场类型。商业广场周围主要设有商业建筑，也可布置剧院和服务性设施。

商业广场多以大型的购物圈为依托，设计时在注重投资经济效益的同时，应兼顾环境和社会效益。城市商业区通常由各种商业街和商业广场构成。商业广场一般位于整个城市商业区主要流线的节点上，形成商业街上的集中开敞空间。整个城市商业区应根据周围环境的特点进行设计，合理布置各种景观元素，以满足各种功能的需求，使人们在购物的同时还可享受到舒适，取得社会效益、环境效益、经济效益三大效益的综合平衡。

（三）交通广场

交通广场的主要功能是保证交通顺畅，使人流和车流互不干扰。交通广场应具有足够的面积和空间，满足车流、人流的安全需求，是城市交通系统的重要组成部分。

交通广场在规划上多采用几何形态。由于客流量大，为了满足大量人群集散的要求，交通广场多利用低矮的灌木、绿篱、鲜花和草坪进行功能空间划分和引导交通，如莫斯科 Triumfalnaya 广场。

（四）文化广场

文化广场主要用于为市民提供良好的户外活动空间，满足市民节假日休闲、交往、娱乐的需求。文化广场一般设置在城市历史文化遗址、风景名胜和文物古迹附近，可为市民提供一个具有浓郁文化氛围的室外活动空间。

文化广场是供市民学习、娱乐、交流的开敞空间，设计时宜保持环境幽静，禁止车流穿行。进行文化广场设计时，可以利用地面高差、植物、雕塑小品、铺地色彩和图案面等进行限定分割，形成空间的层次感，以满足不同文化、不同人群对文化广场的需求。

三、居住区景观空间

随着社会经济的迅速发展和社会的进步，人们对居住质量的要求越来越高。人们经过一天的紧张工作，要回到自己惬意的居住区进行休息和调整，对住宅周边的环境需求已逐渐从"居者有其屋"转向了"居者优其屋"。

居住区景观空间既要具有满足人们生理、生活所需的物质功能，也要具备满足人心理需求、陶冶情操等精神功能。良好的居住区景观空间设计不仅能够促进城市的发展、改善城市生态、丰富城市景观、体现城市文化，还可以将自然环境、社会环境、人文环境等结合起来。居住区包括住宅以及与其相关的道路、绿地、居住所必需的基础设施和必要的配套设施等，为人们开展交通、交流、休息、锻炼和嬉戏等户外活动服务，为人们创造出安全、卫生、便捷、舒适、优雅、和谐的生活空间。

（一）居住区公园

居住区公园是指为一定居住用地范围内的居民服务，具有一定的活动内容和设施的集中绿地。居住区公园是规模最大、服务范围最广的居住区景观空间，一般和居住区公共建筑和服务设施组合布置，易于形成整个居住区的户外活动中心。居住区公园可以丰富城市景观和改善城市生态环境，提高城市的绿化率。居住区公园内的设置内容应包括花木、草坪、水体、凉亭、雕塑、健身休憩设施、铺装地面等。人们在居住区公园内不仅能感受到绿色，而且能就近获得宜人的日常交流场所，如泰国曼谷 Modus Vibhavadi 居住区公园。

（二）居住组团绿地

居住组团绿地是指在住宅建筑组团内设置的绿地，是居住组团内最集中的绿地。居住组团绿地直接靠近住宅建筑，结合居住建筑组群布置。居住组团绿地是居住组团中的居民最为理想、方便的交往空间，应作为居住区园林建设的重点。居住组团绿地中的设施比较简单，可提供一定的休憩功能。居住组团绿地作为居住组团内的集中绿地，在视觉上和使用上成为居民环境意向中的"邻里"中心。居住组团绿地离居民的居住环境较近，居民步行几分钟即可到达，便于居民在茶余饭后来此活动。居住组团绿地为建立居民的社区认同感、促进邻里交往和建立良好的邻里关系提供了必要的环境条件。

四、滨水景观空间

（一）滨水景观空间的概念

滨水区域是一个特定的空间地段，如河口、湖岸和海岸等。滨水区域的发展对整个城市的经济和空间发展具有重要的意义。滨水区域在营造恬静、优美的景观环境的同时，也被人们当作生活、活动的场所加以利用，是城市公共开放空间的重要组成部分和最具活力的区域之一，兼具自然景观和人工景观的特点。

滨水景观空间设计比较复杂，因为它不仅涉及陆地，而且涉及水域，以及水陆交接地带和各类湿地。滨水区域内整体景观的核心要素是原有的自然水域，滨水区域内的建筑及其他人工要素对水景形态产生重要影响。

（二）滨水景观空间的设计要点

1. 公共开放性

滨水景观空间是城市公共开放空间的主要组成部分，应具有开敞性，为全体市民服务。滨水景观空间设计的中心问题是创造出连续的近水公共空间，保证滨水地带步行空间的顺畅。滨水景观空间应具有尽可能多的各种功能区域，成为人们享受大自然恩赐的最佳区域。

2. 亲水性

滨水景观空间设计应该更多地考虑亲水性。随着科技的发展，人们已经可以掌握水的四季涨落情况，因而在设计滨水景观空间时应考虑亲水性，将亲水变成现实。如何使人们与水进行直接的接触和交流，成为滨水景观空间设计需要重点考虑的问题。

五、道路景观空间

（一）道路景观空间的分类

道路景观空间按照交通性质、交通量和行车速度等因素可分为不同的类型。公路包括高速公路、国道、省道和专线公路等。大城市、特大城市有主干道、次干道、工业道路、商业街道、居住区道路、街坊内的道路、过境道路等。中小城市有快速路、主干道、次干道、支路等。不同的道路，景观空间的形式和设计内容各不相同。为了较为明确地分析不同类型的道路景观空间，可按道路的交通性质、功能作用以及服务对象将道路景观空间分为车行道路景观空间、人车混行道路景观空间和人行道路景观空间。

（二）道路景观空间的设计要点

道路景观空间具有交通、生态、形象三个方面的功能。交通功能是道路景观空间最基本、最主要的功能。道路两侧及其周边地带的环境绿化是降低车辆噪声、减轻废气污染、保障道路区域环境健康的基础。在满足交通、生态要求的前提下，结合道路节点、廊道、基质，合理配置乔灌木，可创造出良好的道路景观和空间形象。每一种道路景观空间都具有自身的特点，设计时要区别对待。

1.人车混行道路景观空间设计

人车混行道路是指既满足人行需求又满足车行需求的道路。按照道路性质和人车通行量的比重，人车混行道路又分为以交通性为主的道路和以生活性为主的道路两种。城市中的各级干道主要担负车行交通运输功能，并兼有人行的作用，属于以交通性为主的道路；而强调步行优先原则的街道，属于以生活性为主的道路。

（1）以交通性为主的道路

城市中的主干道是城市中的主要交通枢纽，属于以交通性为主的道路，担负着城市各个功能区之间的人流、物流的运输的任务，车道宽，车速快，人流少，绿化面积相对较大，绿化要求高，路面多采用三个板块的形式。以交通性为主的道路景观空间设计首先要满足行车安全性和空间可识别性的要求，其次要兼顾行人的使用要求。由于在以交通性为主的道路上车速较快，所以沿途的景观必须大尺度、大色调、流线型化，做到简洁、舒展，不应对行驶车辆和行人造成流线上或视线上的障碍。

（2）以生活性为主的道路

以生活性为主的道路以满足城市居民生活需求为主，场所感较强。在保证交通安全的前提下，以生活性为主的道路可以给人们提供公共活动场所，增加城市开敞空间的活力。道路两侧建筑的形式需要考虑人、车的双重尺度。道路上车种复杂、行车速度较慢，人流量大。按所处的城市区域，以生活性为主的道路又可分为居住区街道、商业区街道和行政区街道。道路的绿化可采用草坪、绿篱、花坛、行道树等的组合，塑造出丰富的观赏效果。

2.人行道路景观空间设计

人行道路简称步道，是指城市中完全用于人们步行的街道，是能给人们提供休闲、娱乐、购物等多种功能的开敞空间。人行道路景观空间应具有安全性、开放性、舒适性、地域性等特点。优质的人行道路景观空间可以树立城市的形象，营造亲切、和谐的环境氛围，成为对外展示的窗口和人与人交流的平台。人行道路景观空间还应体现文化特色，强化城市的文化内涵，渲染城市的人文色彩。

第三节　景观空间的组织与规划

一、景观空间组织与规划的基本要素

由前文可知，景观空间的形式十分丰富。在实际的景观艺术设计中，几乎不存在单纯独立的空间形式，通常是由若干空间的并存及其连接而形成的，因此如何将其有效地组织在一起，是一个十分重要的问题。景观空间的规划与组织的基本要素包括功能分区、流线组织和空间尺度。

（一）功能分区

景观空间的功能尽管远没有建筑复杂，但大体仍可以分为主要空间、辅助空间和交通联系空间。不同功能的空间之间具有主次关系、疏密关系、动静关系、公共与半私密的关系、半封闭与开敞的关系等。

在进行功能分区的时候，首先应根据场地实际情况和设计要求对上述三大空间进行合理的规划，明确各个空间的功能，使空间分割能满足设计的功能要求，并从整体上把握景观空间的性质和氛围。

在合理分区的基础上，根据不同性质的景观空间特点，处理好空间的主次关系。应把主要空间放在重要的地方，次要空间放在次要的部位，不仅在位置的摆布上，在视景、朝向、交通联系等问题上也要体现空间的主次之分。

除了空间的主次关系，各空间之间的公共与半私密的区分、动静区分等都是设计中必须顾及的方面。如动静分区，要求吵闹喧杂的空间与要求安静的空间相对分隔，并互不干扰。

以上分析表明，对景观空间性质有了充分的了解，才能正确地把握好各个空间的关系，处理好景观空间的功能分区。

（二）流线组织

在景观空间规划中，流线的组织同样是非常重要的。景观空间的流线主要有使用功能需求的流线和有视景服务需求的流线，因此景观空间的流线具有一定的复杂性和多重性。其流线组织具有各自的特点，一般来说，可分为单一主流线和主流线与辅助流线结合的两种方式。中小型景观空间由于功能单一，通常采用单一主流线的流线安排；而大型的景观空间，由于空间的复杂，仅通过主流线组织，是不能满足视景展开的不同需求和解决人流交通的问题的，常采用主流线与辅助流线结合的方式。

（三）空间尺度

空间的尺度就是人们权衡空间的大小、质地的粗细等视觉感受上的问题。尺度的处理是表达景观空间效果的重要手段，它主要通过景观设施细部尺度来创造景观环境的气氛，协调空间的大小比例来满足人的尺度感。同时尺度的处理也不能忽略人的视觉方面的因素，人的视觉具有透视的规律，巧妙运用透视原理处理，可以产生不同尺度感的错觉，从而增强或减弱空间的尺度效果。

二、景观空间组织与规划的方法

一个完整的景观空间是由若干相对独立的空间组合而形成的，不同的使用功能、交通流线功能对景观空间组合形式有不同的要求。所谓"使用功能"，可以理解为户外空间为满足人的各类活动而提供的专门场所，这些专门场所使功能成为可见的形式。人在户外空间中的活动不是盲目的、偶然的，而是有目的、有组织、有秩序的，因此，活动发生的先后顺序以及各类活动之间的相互连接所形成的流线，是景观空间的组织依据。

人对户外空间的认识，不是在静止状态下瞬间完成的，只有在运动中、在连续行进的过程中，从一个空间进入另一个空间，才能看到它的各个部分，形成完整的印象。因此，我们对空间的观看不仅涉及空间的变化因素，也涉及时间的变化因素。空间的序列问题，就是把空间的组织、排列与时间的先后顺序有机地统一起来。只有这样才能使观看者不仅在静止的状态下获得良好的视觉效果，而且在运动的状态下也能获得良好的视觉效果。对于景观空间，主要可以从事件的秩序（功能因素）和形式的秩序（美学因素）两个不同层面来进行规划与组织。

（一）事件的秩序（功能因素）

1.根据事件的先后顺序安排空间秩序

空间的形态经过垂直界面的分隔与围合，形成几个收放的过程，造成起伏、跌宕的效果，增强了视觉上的感染力。这样的空间秩序把事件与空间有机地结合在一起，如美国罗斯福纪念公园，通过按时间先后顺序展开的四个主要空间及其过渡空间来表达对罗斯福总统长达12年任期的描述，蜿蜒曲折、情感融入的花岗岩石墙、瀑布、雕塑、石刻记录了罗斯福最具影响力的思想语录，并且用众多的事件从侧面反映了那个时代的精神，以此展现对罗斯福总统的纪念。

2.根据事件的相互关系安排空间序列

它强调事件的共时性以及由某一事件连带的其他事件。适用于把不同类型的活动组织在相对独立的空间中，以避免相互间的干扰，同时各空间又保持着一定程度的连通。如扬州个园，以艺术化的手法将春夏秋冬四季超越时空同时展现在游人面前。

（二）形式的秩序（美学因素）

一个成功的空间序列，除了能较好地适应功能要求，还应具备美学上的一些特征。只有按照美的规律组织起来的空间序列，才能达到形式与内容的统一。因此，在考虑事件秩序的同时，还要考虑形式的秩序。美的空间秩序产生于对立因素的统一。在一个完整的空间序列中，应该有主有次，有起有伏，婉转悠扬，节奏鲜明。所谓"主次""起伏"，是指在空间序列中，应该包含空间形态、体量上的对比以及变化、重复与过渡。对比产生起伏，重复产生节奏等。同样在景观空间的设计中，要运用好空间构成的规律，如空间的对比、空间的围透、空间的组合等。

第四章 景观设计程序与方法

本章讲述的是景观设计程序与方法，主要从以下三方面进行具体论述，分别为景观设计的基本程序、景观设计的基地调查与具体分析和景观设计的方法。

第一节　景观设计的基本程序

一、项目的确定阶段

在设计单位从项目业主（也就是我们俗称的甲方）处获得一个景观项目标书后，在项目跟进顺利的情况下，设计单位会组织召开项目讨论会，研究标书，讨论项目的可操作性，并确定是否运作该项目。如果确定运作该项目，那么设计单位要成立项目小组。

二、项目小组的确定阶段

景观设计项目往往较复杂，所以项目小组中应包含景观建筑师、土木工程师、园林景观管理师、咨询顾问、艺术家、雕塑家等各类专业人员。各类专业人员在项目中进行专业间的配合。

三、研究分析及项目计划的制订阶段

项目小组在综合考虑甲方的设计要求后确定设计主题及概念方向。在这一阶段，项目小组先对现场进行详细的实地考察或通过其他调研方式来了解现场地质状况及周边地区相关信息，并要求甲方尽可能提供完整图纸，由项目负责人、设计师等共同制订工作计划表，并交付项目小组各相关人员及相关配合专业负责人。

四、设计阶段

（一）初步方案设计

在概念方向得到甲方确认后，景观设计师开始进行方案的总体设计，并结合基地现状进行概念设计可实施性和合理性的论证。景观设计师在收集相关意向性的图片，以及制作基地布局和相关的分析图纸后经过多番对图纸的推敲完成初步规划设计，进行投资估算。

该阶段的图纸主要包括以下四种：

1. 环境分析图

气候分析图、区位分析图、基地分析图、场地分析图、现状分析图。

2. 设计概念图

设计理念图、概念分析图、场景设计图、总平面图。

3. 景观设计分析图

总平面图、竖向分析图、系统分析图、视线分析图、交通分析图、绿化分析图、照明分析图、感官分析图、人性化分析图。

4. 景观设计图

分区索引图、各分区平面图及分析图、各分区内景观处理意向图、雕塑及小品等各细部意向图等。

（二）方案深入设计

进行方案深入设计时，除了需要对各总体环境及景点形式和材料进行深入设计，对栏杆、铺地、雕塑、小品、景观家具等细部的材料、尺寸、比例、工艺、色彩也要进行深入地探讨，同时需要对主要景观植被的形态进行设计，并对主要的景观照明的形式进行设计。

该阶段图纸包括以下四种：

1. 景观设计图

总平面图，总平面分区索引图，各分区平面图，各分区竖向图，各分区景点平面索引图，各分区剖面图、立面关系图，各局部铺装平面图，各分区景点设计详图。

2. 植被设计图

乔木图、灌木图、植被种植及搭配意向图。

3. 灯光设计图

主要照明灯具分布图、主要照明灯款式图、灯光效果意向图。

4. 细部设计图

铺装设计图、栏杆设计图、雕塑设计图、小品设计图、座椅设计图、树池设计图等。

（三）方案扩初设计

方案扩初设计由方案设计师和施工图设计师共同完成，方案设计师需要向施工图设计师提供线型正确、尺寸规范的计算机辅助设计（Computer Aided Drafting，简称 CAD 图设计软件）总图。方案扩初设计完成后，由方案设计师审核设计方面是否和原设计相符，方案扩初图纸需要与方案设计完全相符。审核合格后，甲方需要对各景点的具体材料、尺寸、雕塑、小品以及景观家具的形式和分布进行确认。在进行方案扩初设计时，还需要根据扩初图纸进行设计概算。

该阶段图纸包括以下内容：

设计总说明；图纸目录；总图部分包括总平面图、总平面竖向图、总平面铺装图、总平面索引图；分区部分包括各分区平面图，各分区竖向图，各分区铺装图，各分区定位图，各分区材质图，各分区索引图，各大样平、立、剖面详图；通用大样部分包括栏杆详图、铺装详图等各通用部分详图；植被部分包括乔木图、灌木图、苗木表；水电部分包括水总图、电总图、各主要节点详图。

（四）施工图设计

完成方案扩初设计后，需要再次进行场地精勘以掌握最新的基地情况。前一次踏勘与这一次踏勘相隔较长一段时间，现场情况可能有变化，项目小组必须找出对今后设计影响较大的变化因素并加以研究，然后调整施工图设计。此次踏勘需要增加各个专业人员。各专业图纸出图有先有后，但各专业图纸内容要保持一致。每一种专业图纸与今后陆续完成的图纸之间要有准确的衔接和连续关系。

在这一环节需要根据施工图进行施工预算编制。该阶段图纸包括以下内容：

设计总说明；图纸目录；总图部分包括总平面图、总平面竖向图、总平面铺装图、总平面定位图、总平面索引图；分区部分包括各分区平面图，各分区竖向图，各分区铺装图，各分区定位图，各分区材质图，各分区索引图，各大样平、立、剖面详图，各大样安装及制作节点详图；通用大样部分包括栏杆详图、铺装详图等各通用部分详图，安装及制作节点详图；结构部分包括总平面图、各节点索引图、各大样结构部分详图、安装及制作节点详图；植被部分包括乔木图、灌木图、苗木表、植被种植详图；水电部分包括水总图、电总图、安装及制作节点详图。

五、施工阶段

设计的施工配合工作往往会被人们忽略。景观设计师在施工阶段，应经常踏勘建设中的工地，解决施工现场暴露出来的设计问题、设计与施工相配合的问题。

六、工程竣工评估阶段

在工程竣工评估阶段，在建设单位已取得政府有关主管部门（或其委托机构）出具的工程施工质量、消防、规划、环保、城建等验收文件或准许使用文件后，由建设单位组织参建单位和有关专家组成验收组对竣工工程进行验收并编制完成"建设工程竣工验收报告"。

另外，在工程竣工评估阶段，应根据项目施工过程中的变更、洽商情况，调整施工预算，确定工程项目最终竣工结算价格。

七、后期养护管理阶段

景观工程竣工并投入使用后，为了使景观逐渐达到并保持效果，应组织开展后期养护管理工作。后期养护管理工作在园林景观工作中起着举足轻重的作用，它是一种持续性、长效性的工作，有较高的技术要求，除包括修剪、除杂、病虫害防治等基础性工作外，还包括进行园区的硬质景观、水系、园林小品等维护与管理工作。

第二节　景观设计的基地调查与具体分析

一、基地调查分析的方式及步骤

（一）基地调查分析的方式

景观的拟建地又称为基地，它是由自然力和人类活动共同作用所形成的复杂空间实体，与外部环境有着密切的联系。各种因素都会对基地起到作用、带来影响。在进行景观设计之前，应对基地进行全面、系统的调查和分析，为设计提供详细、可靠的资料与依据。

当对基地进行调查与分析时，一般通过两种方式来获得基本资料：一是图纸，二是现场踏勘。一般在一个项目运作之初，景观设计师会得到相关图纸。图纸及其他数据固然是重要的，但完全依靠图纸是远远不够的，景观设计师必须通过至少一次、最好多次的现场踏勘来对基地进行理解和对其精神进行感悟。基地中的每一个元素都应该被描绘和记录，从而清晰地表达基地中的资源状况。另外，影响和指导设计的关键信息也要标明。

在《设计结合自然》一书中，伊恩·麦克哈格使用解析测图的方法表现主题地图中至关重要的审美因素、社会因素和物理因素，之后把这些因素彼此叠加，并在底图上覆上描图纸，将这些图层叠加结合在一起并进行筛选后，使用描图纸描绘出一张综合分析图，分项内容用不同的颜色加以区别，在这里这些图层就起到了筛子的作用，得出分析结果之后再用 SWOT 分析法进行总结，从而得出进一步的设计建议。

只有通过现场踏勘，才能对基地及其环境有个透彻的了解，从而把握基地的现况，把握基地与周围区域的关系，全面领会基地状况。

（二）基地调查分析的步骤

1. 搜寻有关基地的概况信息

我们可能从图纸、报告或出版物中找到一些描绘基地的地形、地表水、植被、动物、土壤、气候以及目前的使用状况等信息。通常来说，这些资料在一定程度上提供了一个大范围的概况，有关基地的具体信息是不大可能找到的。不过这些信息提供了有关基地的背景脉络，这是非常重要和值得考虑的。

2. 获取基地及周边地带的航拍照片和卫星地图

基地及周边地带的航拍照片和卫星地图会使人更容易找到道路、构筑物、森林地区和河流等。通过航拍照片、卫星地图，人们可以得到很多信息。需要指出的是，通过航拍照片可以获得比通过卫星地图更多的细节信息，甚至在航拍照片上可以识别树种和建筑物的高度。

3. 带上图纸、航拍照片或卫星地图，进行现场踏勘

走进基地，找到在图纸、航拍照片或卫星地图中看到的景物，核实图纸、航拍照片或卫星地图与实际基地是否一致，同时更新细节的变化并记录图纸、航拍照片或卫星地图中没有显示的信息。走进基地，还可以收集有关基地组成的所有信息，如植被组成及生长情况、基础设施情况、使用者意见等。

4. 制作基地不同元素的分析图

基地不同元素的分析图应包括地形、土壤、水文、植被、野生动物、微气候、土地使用以及其他任何有关基地的内容。联系紧密和相互影响的图纸可以合二为一。

5. 撰写简短而清晰的报告来描述所取得的信息

调查步骤和对基地各种资源状况的报告，可以作为图纸的补充。报告应包括所有与日后基地使用决策有关的信息。

6. 合成信息，进行可能性和适宜性评估

应尽可能客观地评估基地可使用的潜力，分析、考虑更多的价值因素和主观因素。

二、基底调查分析的内容

（一）基地基本信息

1. 基地位置

第一，为规划提供范围界限。在做一个项目之前，要先通过核对图纸、航拍

照片或卫星地图、现场踏勘来明确规划范围界限、周围红线及标高。只有这样，才能使之后的设计具有准确性。带有地形的现状图是基地调查和分析不可缺少的基本资料，通常称为基地底图。

第二，分析基地内部与基地外部的关系和基地内部各要素，为日后基地功能的确定提供依据。基地分析通常从对项目基地在城市地区图上定位，以及对周边地区、邻近地区规划因素的调查开始。通过基地分析，可获得一些有用的信息，如周围地形特征、土地利用情况、道路和交通网络、休闲资源，以及商贸和文化中心等。这些与项目相关的基地信息，对基地功能的确定有着重要的影响，充分了解这些信息有利于确定基地的功能、性质、服务人群，基地主次要出入口的合理位置，喧闹娱乐区的位置，安静休息区的位置等。

基地位置的调查主要包括以下五项内容：

第一，了解场地历史和发展情况，结合历史资料、历史地图、现有场地平面图、实景照片和手绘示意图对场地进行系统的分析，找出资料记载的近年场地变化及原因。

第二，了解与场地相关的当地政策、法规及当地规划、经济发展等情况，了解场地的用地性质、发展方向、交通、管线、水系、植被等系列专项规划的详细情况。

第三，在基地平面底图上标明用地红线，即分析场地范围、场地用地。通过区域平面图分析周边用地情况时，可用不同的颜色在平面图上标出不同的用地属性。

第四，在区域平面图和基地平面图上分别标记到达场地和场地内的交通路线，并分析从城市或其他地区到场地的路线是怎么样的，场地附近是否有公共交通站点等。场地内部的交通流线情况，道路的铺装材质、损耗等，都应在平面图上注释，需要重点说明的，应记在笔记本上并拍摄现场照片。

第五，记录场地的具体范围。在平面图上以简洁的线条给出注释，并注明场地四周的界限是如何划分的。例如围栏、围墙、绿篱等，从场地内看出去和场地外看进来的景色分别是怎样的，在某个特定区域看向场地内外的视线是通透的还是有遮挡的。若有需要，以实景照片或者手绘示意图来表示。

2. 基地基础设施的分布情况

对于基地现有基础设施分布情况的调查，对后期植被的设计有很大的影响。在后期进行植被设计时，注意植被种植点要与基地中需要保留的建筑、墙体、地上管线、地下管线等建筑及构筑物保持一定的距离，这样既能保证植被的正常生长，又能保证建构筑物的基础不会受到牵动。对基地现有基础设施的分布情况进行调查时，还应注意到基地中的其他因素对植物设计的制约，如基地上空的高压线，为了考虑植被的生长及安全系数，高压线下的植被，不宜选择过高的乔木等。

后期进行设计的建筑及构筑物，要与现有的建筑及构筑物在风格上保持一致，避免出现极端不协调的情况。道路和广场设计等也要参照原有标高和排水情况。

此外，在后期设计中要注意规避各种管线，避免发生将景观水池设计在化粪池上等这一类情况。基地基础设施包括以下三个方面的内容：

（1）建筑及构筑物

调查基地基础设施的分布情况时，应了解基地建筑及构筑物的使用情况、平面、立面、标高、与道路的连接等情况。

（2）道路和广场

调查基地基础设施的分布情况时，应了解基地上道路的幅宽、平曲线、主点标高、排水形式等，广场的位置、大小、铺装、标高、排水形式等。

（3）各种管线

调查基地基础设施的分布情况时，应了解基地上电缆、电线、给排水管、煤气管线、天然气管线等各种管线的位置、走向、长度、管径和其他一些技术参数。

通过调查，标出主要建筑物的分布情况，并进行使用现状分析，可通过手绘建筑立面图或用照片表示。对主要道路、广场尺寸和铺装进行测量和观察，并进行记录和拍照，建议手绘部分道路铺装形式。通过调查，给出基地主要道路的排水方式和问题的分析结果。进行调查时，建议雨天和晴天各到现场一次。各种管线的分布情况通常是通过市政的规划图纸获得的。

（二）基地自然条件

1. 基地地形地貌

解读景观的首要就是识别地形。一般可通过植被、建筑、道路等表面现象去发现基本的地形情况。完全平坦的景观很少，大多数景观都包含斜坡，有水平面的改变。地形情况可以通过在平面图上绘制景观的轮廓线来获得。地形图是最基本的场地条件资料。根据地形图，结合实地调查可进一步分析与掌握现有地形的起伏与分布、基地的坡和分布，以及地形的自然排水类型。其中，基地的坡和分布可以用坡度分析图来表示。坡度分析对合理安排用地，分析植被、排水类型和土壤内容等都有一定的作用。

在现场观察地形时，要对比事先收集的基地等高线图，并做记录，按坡度的大小用由淡到深的单色做出坡度分析图。

2. 基地的土壤

景观中的土壤是多年来地形、气候、水、植被和动物相互作用的结果。随着时间的推移，各种变化过程促使地表的物质分开，有机物和养分增加，最终形成了可以识别出结构的土壤类型。

在对基地的土壤进行观察前，应尝试了解不同区域土壤的具体类型、酸碱性、沙化、黏性等。了解基地的土壤类型和土壤条件非常重要，因为土壤的酸碱性会影响植物生长。植物只能生长在酸碱度（pH）为 $4\sim7.5$ 的环境中，酸碱度为 6 左右的中性土壤既适合酸性植物也适合碱性植物。

观察基地的土壤时，应注意基地中有没有某些区域长期比较干燥或湿润。通常情况下，坡地往往偏干燥，低洼的区域通常比较湿润。不同的植物适宜生长在不同的土壤环境中，有些植物喜欢干燥的环境；有些植物更适于生长在湿润的土壤中。在了解了基地的土壤类型后，就很容易在设计阶段挑选植物，将适宜的植物种植在相对应的土壤类型的区域中。

贫瘠的、含沙量大的土壤排水很快，由此导致营养物质和矿物质快速流走，进而造成植物营养不良，因此这种土壤需要通过施肥来保持土壤养分平衡。重黏土能在一年中的大部分时间保持水分，在天气温暖时会变得干燥并裂开。有些基地，在不同的位置土壤干湿差别很大。土壤结构不良会制约植物生长，在种植植物之前要对其进行改良。

在做基地的土壤调查时，可以用手去触摸、捏、握来感受土壤，如果土壤质地均匀，既不太松，也不太黏，那就说明这个区域的土壤便于透气透水，是较适宜栽种植物的土壤。如果土壤含有太多的黏土，那么说明土壤的颗粒细、土壤很坚硬或者有较多的块状。虽然这种土壤的保水保肥能力强，但是透水透气性差。如果土壤颗粒较粗、含有太多的沙子或沙砾，就表示土壤的透气性强但蓄水性差，容易造成干旱和营养流失。另外，还可以用 pH 试纸测得土壤是酸性的还是碱性的。

在了解了土壤的结构后，在基地平面图上标出各个不同位置土壤的具体类型（酸碱性、沙化、黏性等）并手绘相应的基地横截面图，结合照片和文字资料进行分析。

对基地土壤的调查应包括以下六个方面的内容：

第一，土壤的类型、结构。

第二，土壤的酸碱度、有机物含量。

第三，土壤的含水量、透水透气性。

第四，土壤的承载力、抗剪切度、安息角。

第五，土壤冻层深度、冻土期的起止日期与天数。

第六，地面侵蚀状况。

3. 基地的植被及生态情况

后期的设计应结合现有的自然生态条件，珍惜良好的现有的自然生态条件，尊重基地原有的自然环境的生态特征，尽可能地将原有的有价值的自然生态要素保留下来并加以利用，应尽量地保留自然特征，如泉水、溪流、造型树、已有植被、水、地形等，体现对自然的内在价值的认识和尊重。尽量保留自然特征，既能在一定程度上降低投资成本，又能避免因为了过分追求形式的美感，对原有的生态系统造成无法弥补的破坏。

调查某地的植被及生态情况，包括以下两个方面的内容：

第一，绘制场地植被图时，为了系统、方便地记录植被及生物情况，应将植被按结构分类。比较典型的植被结构种类包括森林、植林地、草场、种植地等。每种分类可能还有子类，如森林可能包括落叶树区域和常绿树（阔叶树和针叶树）区域。

在植被图中可以用到的其他典型特点有种群组成、树龄和种类分布。如：大灌木结合乔木、灌木丛、草坪、灌木结合草本植物等，灌木再分出彩叶灌木或开花灌木、爬满蔓藤的大乔木、下雨产生积水的草坪、长势稀疏的草本植物等。将这些植被结构用不同的颜色标注在同一张或不同的基地平面图上，并用文字记载数量、分布及可利用情况。

第二，进行现有植被的生长情况的分析对设计中植被种类的选择具有一定参考价值。进行乔木、灌木、常绿落叶树、针叶树、阔叶树所占比例现状的统计与分析，对树木的选择和调配、季相植物景观的创造十分有用，并且有利于充分利用现有的一些具有较高观赏价值的乔木、灌木或树群等。应注意观察基地上现有的植被中哪些是令人喜欢的、想靠近的，哪些是令人畏惧或者可能伤害儿童的。例如，种植在儿童活动区域周边的树枝是可能伤害儿童的。当发现一种难看的或者令人畏惧的植被时，首先判断它是否健康，尽量通过改变其位置等办法而不是移除或砍伐来解决问题。移除具有保留价值的植被也必须在平面图上标注出来，以确保后期设计的时候不会忽略，同时也要注意尽量利用基地原有的植被。

我们还需要提前了解基地是否存在潜在的生态敏感区域、珍稀物种和濒危物种，以及要特别研究和关注的区域。在城市景观中，有些动物能够与人和谐共存。由于有些动物很难被发现，因此就要依据植被的形式推测可能有的动物，在平面图纸上动物往往和植被标注在一起，在对应的植物群落中标注可能存在的动物。

4. 基地的气象条件

基地气象资料包括基地所在的地区或城市常年积累的气象资料和基地范围内的小气候资料两个部分。在后期进行植被设计时，首先需要参考和了解设计基地的水质资料、土壤状况，以及当地多年积累的气象资料（每月最低最高及平均温度、水温、降水量）等环境因素，合理选择适合基地的植被品种，以保证植被设计的科学性及植被的成活率。

局域微气候对植被和人们在基地内活动的舒适度有至关重要的影响。因此，了解基地所在地区四季气候的情况是至关重要的。需要注意的是：区域的气候可能会由于基地上特殊的微气候而出现波动；基地的方位和大小也决定了基地上可能会出现多个微气候群。因此，在基地所在区域的大气候下，包含着很多不同的微气候。例如，南向的坡地相对比较温暖；在基地的一个较高点，平均温度就会相对较高。和基地的微气候息息相关的是基地的阴影面和光照区域，气候和光照共同决定了植被的品种和生长情况。当进行植被设计时，就能根据调查的结果来确定不同种类植被的栽种区域。例如：喜阳性植被栽种在阳光充足的区域。

基地的气象条件包括日照、温度、风、降水等。

（1）日照

气候对景观的影响主要来自太阳的辐射作用。当地球围绕太阳旋转的时候，我们感觉到太阳在天空中移动：即太阳从东方升起，在南方达到最高点，然后在西方落下。在同一天中，季节的不同、太阳高度角的不同，都会造成基地内温度、湿度的变化，阴影面积大小、形状的变化等。在不同的季节，阴影面积的大小不同。例如，在夏季，北向阴影面积小；在冬季，北向阴影面积大。

当太阳辐射到一个与光线垂直的表面时，表面所接收到的热能最高，也就是说太阳光线与物体表面的夹角越接近垂直，光照的强度就越大。这些能量会蒸发水并加热土壤，从而导致这些区域比其他地方更加温暖干燥。一般情况下，南坡的地面会接收到最强的太阳辐射，在场地中南坡比平均状况更干燥和温暖。反之，北坡的地面接收的辐射弱，获得热量少，比平均状况更凉爽和湿润。

了解在不同时间太阳的位置、场地的坡度和坡向，可以知道哪些植被能占据自然中的哪些地段，可以在景观的哪片区域创造动物的栖息地，可以把室外休息区放在人体感到舒适的地方，可以根据人的需求在适合的地方栽植适合的乔木和灌木。

通常，用冬至阴影线定出永久日照区，将建筑物北面的儿童游乐场、花园等尽量设在永久日照区内；用夏至阴影线定出永久无日照区，永久无日照区内应避免设置需要日照的内容。根据阴影图，还可划分出不同的日照条件区，为种植设计提供依据。

（2）温度、风、降水

气候对场地特质和场地的使用方式有很大的影响。

温度、风、降水等因素会直接影响到植物是否能够正常生长。例如：现在有不少以东南亚风格为主题的小区景观不分地域地出现在我国北方，在我国北方配置的热带植物在北方寒冷地区过冬时常常面临不能存活的情况，即使存活也需要再耗费不少人力、物力助其越冬，这大大增加了后期维护的成本。当然，还有一种情况：如果将适合在比当前区域更温暖地区生长的植物，种植在场地的向阳处也是有可能成活的。

气候不仅影响植物的生长，而且影响建筑材料的使用，进而影响建筑的风格。在中国西部，日照充足，终年少雨，干燥寒冷，建筑多用石材、砖材，以抵御强风和低温，屋顶平坦开阔，适宜晾晒。而在中国南方大部分地区，气候温和多雨，树木繁茂，木材较为常用，建筑多采用高挑的飞檐，以减少雨水对建筑基础的损害。

近年来，气候异常的现象很多，气候更加不稳定，温度更高，风暴更强，降水和干旱持续时间也较以往更长。因此，选择适合场地的植物并布置在适宜其茁壮生长的位置非常重要。本地树种和适宜的栽植地可以减少灌溉和养护工作，节约人力和自然资源。

（三）基底社会需求与感官分析

1. 社会需求

我们要了解社会需求，主要有以下两个方面的原因：

第一，要首重并延续场所精神，重视历史文化资源的开发与利用。在历史的发展、变化过程中，应保持和延续场所精神，尤其是在城市更新和遗址类景观的设计中，要注意保护场地中的历史文化资源，因为它们不仅是我们民族的物质财富，而且还是精神财富以及城市建设史的见证和实物遗存，对城市文明史的追忆探索和发展有着重要的作用。因此，在进行此类景观设计时，要细心观察并分析场地中遗存的所有实物，不能让任何有价值的资源从手边溜走。

第二，为后期的设计立意提供主题线索，充分挖掘当地文化。场地中以实体形式存在的历史文化资源（如文物古迹、摩崖石刻、诗联匾额、壁画雕刻等），以虚体形式伴随着场地所在区域的历史故事、神话传说、名人事迹、民俗风情、文学艺术作品等，都可为园林景区或景点景观立意提供主题线索。如果能够充分地挖掘出场地中的文化因素，那么景观主题的准确定位就不再是景观设计师所面临的棘手问题了。要在设计过程和设计作品中体现出社会需求，需要注意以下方面：

①在平面图中标出具有人文价值的景观，并配以文字说明和实景照片；

②从人文、环境和经济等多个方面分析和说明社会需求；

③了解基地对当地有什么样的人文价值、是否满足周围居民对绿地的需求、是否带动了周围经济发展；

④了解是否存在周围交通问题、是否满足防汛要求等；

⑤调查并记录有价值的人文和景观元素，如树木、动物生活的迹象、人走过的路径、重要的人文构筑物和风景等。

2. 感官分析

感官分析是将实验设计和统计分析技术应用于人类感官的一门科学，其目的在于评估消费品。将感官分析用于对基地的调查与分析中，有利于我们获得对基地感官环境的评价。

感官分析的对象有以下三类：

（1）基地现状景观

从形式、历史文化、特异性方面来评价现有的植被、水体、山体、建筑等景观的优劣，将评价结果标在基地平面图上，同时标出主要景观的平面位置、标高、视域范围。

（2）基地外环境景观，即介入景观

在图上标出基地外的可视景观和具有发展潜力的景观的确切位置、视轴方向、视域、清晰程度，并做出简略的评价。

（3）其他知觉环境

除了可视景观，还应了解基地外的其他知觉环境。例如：噪声的位置和强度、噪声和盛行风向的关系、基地外空气或水体污染的位置、主要污染物及其影响范围、是处在基地上风还是下风。可结合基地微气候的调查结果，形成对基地总体感受的评价。

第三节　景观设计的方法

一、景观设计原则

日本著名的设计家庵宪先生认为，设计就是创造一种把"价值转化为物态""物态上升为价值"，再从这一物态中产生新的价值的一种反复轮回于价值与形态之间的良性循环系统。① 高效率、舒适、安全、健康、文明的生活是全社会共同的向往与追求。景观设计正是使这一概念具体化为与环境相协调的实体设计。在对这种目标的追求中，景观设计将不断得以发展。

（一）功能性原则

"以人为本"已是当代人景观设计的基本要求。"雅典宪章"曾指出："居住为城市的主要因素，要多从居住的人的要求出发。"② "华沙宣言"也曾指出："每个人都有生理的、智力的、精神的、社会的和经济的各种需求。这些需求作为每个人的权利，都是同等重要的，而且必须同时追求。"③

人的一生几乎有超过三分之二的时间是在居住环境中度过的，居住环境的好坏直接关系到人生活品质的高低。扬·盖尔将居民活动分成三类（表4-3-1），景观设计的功能性原则就建立在这些具体活动之上。

表4-3-1　居民活动的类型图

类　型	特　征	行　为
必要活动	基本的、带有强迫性的日常活动	工作、购物、上下班
选择活动	在户外条件允许时人们乐于进行的活动	散步、观光、户外休息
社交活动	发生在人们聚集的公共场所的交往活动	聊天、游戏、打招呼

景观设计首先应满足人们使用功能的需求，在此基础上追求精神功能需求的满足。

1. 使用功能

为人们的户外生活环境提供各种便利，提供安全、保护、管理、情报等服务功能，这是景观设计的第一功能。若缺乏"人性化"设计，缺乏对功能的研究，

---

① 韩春明，李煜，祝莹，等.从洗衣机改型设计看产品造型设计新特征 [J].合肥工业大学学报（自然科学版），2000（S1）：866-868，872.

② 武婵燕.居住区交往空间环境设计研究 [D].杭州：浙江大学，2005.

③ 金磊.无障碍环境设计浅谈 [J].城市问题，1987（4）：1.

便会出现种种不协调现象。例如，城市广场只种大面积的草坪，缺少树木绿荫，缺少公共座椅，路人在烈日下只能行色匆匆，谈不上休息、观赏；城市街道中设有太长的栏杆路障，行人过马路极不方便，以致出现翻越栏杆、乱穿马路的现象；马路、街道上充塞着各式杂乱的广告牌，缺乏统一规划，会造成视觉污染等，设计师必须清楚地了解使用者的基本要求，才能进一步考虑景观的功能体现。

2. 精神功能

精神功能在景观设计中占有重要位置。情与景的交融，使审美主体与审美客体在发生相互感应和相互转换关系中，给人美的享受，即精神功能。景观既是人们情怀的抒发，又能以优美的造型陶冶人们的情操。这种美化功能不仅呈现在景观的整体布局上，而且表现在构成审美价值的每个细节中。例如，植物柔美的线条、婀娜多姿的造型、随季节变化的色彩，都显示出大自然界中的无限生机。各种自然景观与人造景观的有机结合、交替出现便会消除各种不协调，使人的情感在美的景观中得到升华。

（二）生态性原则

近年来，"生态化设计"一直是人们关心的热点，也是疑惑之点。生态设计在建筑设计和景观设计领域尚处于起步阶段，对其概念的阐述也各有不同。概括起来，一般包含两个方面：一是应用生态学原理来指导设计；二是设计的结果在对环境友好的同时又满足人类需求。有学者参照西蒙·范·迪·瑞恩和斯图亚特·考恩想法提出以下定义：任何与生态过程相协调并尽量使其对环境的破坏影响达到最小的设计形式都称为生态设计，这种协调意味着设计尊重物种多样性、减少对资源的剥夺、保持营养和水循环，维持植物生存环境和动物栖息地的质量，也有助于改善人居环境及生态系统的健康。

生态化设计的目标就是继承和发展传统景观设计的经验，遵循生态学的原理，建设多层次、多结构、多功能的科学植物群落，建立人类、动物、植物相关联的新秩序，使其在对环境的破坏影响最小的前提下，达到生态美、科学美、文化美和艺术美的统一，为人类创造清洁、优美、文明的景观环境。但目前条件下，景观的"生态设计"还未成熟，处于过渡期，需要有更清晰的概念、扎实的理论基础及明确的原则与标准，这些都需要进一步探讨和不断实践。

（三）艺术性原则

景观的创意与视觉形象直接影响着空间的整体品质。景观具有装饰性与形象性，虽然它们体量不大，却是美化环境中不可缺少的，能给人带来赏心悦目之感。当景观与街区、广场、商业、文化的环境有机协调时，便有助于形成一个融便利性与城市特质、艺术品位为一体的公共环境。

艺术性是一个美学标准，真正的美具有积极向上的精神力量。景观应雅俗共赏，喜闻乐见，以群众的欣赏水平为基准，并向纵深方向提高与升华。尤其在公共环境中，因其服务对象不是设计师个人或少数人，而是社会主体的大众，所以，设计师关注的是在时代、社会、民族环境中形成的共同的美感，客观存在的普遍性的艺术标准，而且这些大众的审美需求和共同美感随着时代的变化、社会的进步呈现出不断变化的趋势。就是在同一环境中也会有不同的具体表现，如教育、文化、价值观、经历不同的人，对环境审美的趣味都各有所好，有的倾向于造型简练、色调优雅的，有的倾向装饰感强、色调明艳的。无论怎么样，了解与尊重大众的审美需求，是景观设计的首要一步。

景观设计是人类改造世界的活动，在不同的历史时期人类的景观设计活动总是受到人类生存状态、科学技术、社会文化和经济水平的制约，因此，不同时期景观设计的思想、理论、方法完全不同。即使在同一历史时期，由于人们的审美价值取向不同，同样会有不同的艺术流派产生，因此，艺术性原则的产生与发展总是带着时代的烙印。

（四）地方性原则

首先，应尊重当地传统文化和乡土知识，吸取当地人的经验。景观设计应植根于所在地的地理环境。由于当地人依赖于从其生活环境获得日常生活的物质资料和精神寄托，他们关于环境的认识和理解是场所经验的有机衍生和积淀，所以，设计应考虑当地人及其文化传统给予的启示。

其次，要顺应基址的自然条件。场地外的生态要素对基址有直接的影响和作用，所以，设计时不能局限在基址的红线以内；另外，任何景观生态系统都有特定的物质结构与生态特征，呈现空间异质性，在设计时应根据基址特性进行具体的对待；考虑基址的气候、水文、地形地貌、植被以及野生动物等生态要素的特征，尽量避免对它们产生较大的影响，以维护场所的健康运行。

最后，应因地制宜，合理利用原有景观。要避免单纯追求宏大的气势和"英雄气概"，要因地制宜，将原有景观要素加以利用。当地植物建材的使用是景观设计生态化的一个重要方面。景观生态学强调生态斑块的合理分布，而自然分布状态的斑块本来就是一种无序之美，只要我们在设计中尊重它并加以适当的改造，完全能创造出充满生态之美的景观。

二、景观设计方法

（一）注重构思立意

立意指景观设计的总意图，即设计思想。如扬州个园其立意取自宋苏东坡："宁可食无肉，不可居无竹。无肉令人瘦，无竹令人俗。"[①] 在个园中，塑造了四季假山。美国越战老兵纪念碑的设计不同于一般意义上的纪念碑，它没有拔地而起，而是陷入地下，黑色的、像两面镜子一样的花岗岩墙体，向两个方向各伸出

60.96m，分别指向林肯纪念堂和华盛顿纪念碑。两墙相交的中轴最深，约有 3m，逐渐向两端浮升，直到地面消失。按照林璎自己的解释，好像是地球被（战争）砍了一刀，留下了这个不能愈合的伤痕。"越战纪念碑"的意义是纪念战争牺牲者的宝贵生命，这不仅仅是政治意义，其中还赋予了设计师超越死亡的思考。

注重构思立意，需要针对不同性质的场地进行思考。如针对小学校园的景观设计，关注的是校园景观的教育意义、安全性、趣味性等。公共性质的场地广场则需考虑大众的行为习惯、使用需求，合理设置各种活动场地。

巧于立意耐寻味的景观设计不只是总体概念、布局构思，其中的景观小品不仅要有形式美，还要有深刻的内涵。只有表达一定意境和情趣的小品，才能具有感染力，才是成功的艺术作品。根据构思不同，景观设计小品可分为预示性景观设计小品、故事性景观设计小品、文艺性景观设计小品三类。

1. 预示性景观设计小品

景观设计师一般把此类小品设置在绿地入口位置，游人一见便可预知公园的

---

① 梁白泉，贺云翱.中华国宝图典 [M].济南：山东画报出版社，2014：38.

性质及内容。例如，在韩国科学院一方形小院内，设置有一座表现几个学者姿态的雕塑，来者一望便知这里是"学府"。

2.故事性景观设计小品

景观设计师是把历史故事、传奇故事、寓言等巧妙地做成雕塑等，使游人在欣赏雕塑艺术的同时受到教育。例如，武汉东湖的"瞎子摸象"等寓言雕塑，天津海河公园的"司马光砸缸"等故事雕塑等。

3.文艺性景观设计小品

此类小品则是把文学、艺术、书法、诗词等经典作品雕刻在各种石材上增加游兴，使文艺与自然风景结合起来，令游人在游园过程中得到艺术与文化的熏陶。

造型新颖的时代景观设计具有浓厚的工艺美术特点，所以，一定要突出特色，以充分体现其艺术价值，切忌生搬硬套和雷同。

无论哪类景观设计，都应体现时代精神，体现当时社会的发展特征和人们的生活方式。既不能滞后于历史，也不能跨越时代。从某种意义上讲，景观设计必须是这个时代人文景观的记载。

（二）充分利用基地条件

景观规划设计首先应该因地制宜，尊重土地原本的特征。每一个城市、每一个景观项目用地都有自身的地理特征，理解并分析场地的特殊性，恰到好处地利用场地的唯一性进行设计，这样的景观设计才具有地域性。景观设计不仅仅是土地的设计，还是人类文化的传递，因此，一方面设计应该考虑本土文化的特征及传统文化给予人们的启示。另一方面景观设计应该尽可能地做到就地取材，利用本地材料和植物，这是生态设计的一个重要方面，本土植物适合于当地生长，管理和维护成本都可以降低，而且有利于保护地方性植物的多样性。为充分利用基地条件，需要做好场地调查和分析，依据场地条件做好规划设计。

1.场地调查和分析

对场地的分析一般通过两种方式来获取基本资料，即通过图纸和现场探察。一般在一个项目开始前，设计者就会得到相关图纸，图纸及其他数据固然是重要的，但完全依靠图纸是远远不够的，设计师对场地的理解和对其精神的感悟，必须通过至少一次最好多次的现场探察，补充图纸上体现不出来的其他的场地特征。

只有通过现场探察，才能对场地及其环境有透彻的理解，从而把握场地的感觉，把握场地与周围区域的关系，全面掌握场地状况。

2. 场地总平面设计

这是对建设项目诸多内容的总体安排与统筹，应充分考虑其使用功能和要求、建设地区的自然环境与人工环境以及经济技术的合理性因素，对场地的功能分区、交通流线、建筑组合、绿化与环境设施布置，对环境保护做出合理的安排，使之成为统一的有机整体。场地规划设计时需注意以下要点：

（1）用地范围及界线

应掌握道路中心线、道路红线、绿化控制线、用地界线、建筑控制线。设计师应清楚掌握几条控制线的含义及与其他控制线的差别。

（2）与城市道路的关系

这是每一位从事城市规划、建筑设计的人员必须掌握的基本知识。基地应与道路红线相连接，否则应设通路与道路红线相连接。基地与道路红线连接时，一般以离道路红线一定距离为建筑控制线。建筑一般均不得超出建筑控制线建造。属于公益上有需要的建筑物和临时性建筑物（绿化小品、书报亭等），经当地规划主管部门批准，可突出道路红线建造。建筑物的台阶、平台、窗井、地下建筑、建筑基础，均不得突入道路红线。建筑突出物可有条件地突入道路红线。

（3）场地出入口

对车流量较多的基地及人员密集的建筑基地应符合规范规定。距大中城市主干道交叉口的距离，自道路红线交叉点起不应小于70m；距非道路交叉口的过街人行道最边缘不应小于5m；距公共交通站台边缘不应小于10m；距公园、学校、儿童残疾人等建筑物的出入口不应小于20m；当基地通路坡度较大时，应设缓冲段与城市道路连接；与立体交叉口的距离或有其他特殊情况时，应按当地规划主管部门的规定办理。

（4）建筑限高

当城市总体规划有要求时，应按规划要求限制高度。保护区范围内、视线景观走廊及风景区范围内的建筑，市、区中心的临街建筑物，航空港、电台、电信、微波通信、气象台、卫星地面站、军事要塞工程等周围的建筑物均应考虑高度限制。

　　局部突出屋面的楼梯间、电梯机房、水箱间、烟囱等，在城市一般地区可不计入控制高度；在保护区、控制区内应计入控制高度。

（三）景序及视线组织

1.视线分析

风景可供游览、观赏，但不同的观赏方式和角度会产生不同的景观效果，所以，掌握游览观赏规律可以指导规划设计工作。风景是具有一定特征的环境，需要具有一定的观赏距离与角度才能取得较好的效果。

2.景观序列组织

景观设计是在自然及人工工程环境条件下，运用多种景观要素进行造景、组景。明代造园家计成所著《园冶》中所述："相地合宜，构园得体，因地制宜，巧于因借"，点出了景观设计的要旨。

景观序列的表达可以划分为起始——引导——起伏——高潮——尾声几个阶段，处理好景的露与藏、显与隐等问题，可通过各种手法，如步步深入、先抑后扬、曲径通幽、豁然开朗、高潮迭起、回味不尽等。设计中要注意空间的组织，同时合理安排景点的分布。

景点一般指园路、小径的起始点、交会点，以及沿途具有一定功能和观赏作用的地点。城市广场、节点也都可看作景点，只不过它是景点规模、观景范围、环境尺度相对扩大的地段。景区与道路通过一系列的"节点"组织地段。不同景点在主次、有序、排列中确立了不同的特征，以其鲜明的景观形象使游人的游赏过程得以起伏，心理期待得以满足。

景观的序列布局要求如下：

第一，依形就势，引导有序，"不妨偏径，顿觉婉转"，如路径冗长则消减游兴，过短则兴致顿消。

第二，游程安排取决于不同的交通条件，如景区中的缆车、电瓶车以及步行等不同交通方式，使之既有"步"移景异之趣，又有豁然开朗之妙。

第三，自然景观与人工景观可适当控制、选取、剪裁，做得不落斧痕，浑然一体，视线所及"俗则屏之，嘉则收之"，在于"因地制宜，巧于因借"。

　　第四，注意空间的交替、过渡、转换，加强其节奏感，做到划分、隔围、置景主从分明，尺度、体量把握有度。

　　第五，景观与人文的结合，通过诗文、匾额、楹联，览物抒怀，烘托渲染，寓情于景，触景生情，融情入景，深化意境。把景点的设置作为观景的位置时，它呈现出扩散、离心、辐射的方式，往往是外向性的，包括景点的位置选择、点的布局（如廊、亭、楼、阁）、发射的方向与视距的远近等，这时观景是发散的、多视角的，有时是漫散的。反之，景点成为视线的聚焦，此时必须有最佳的视距与视点位置，景点才能呈现出清晰优美的形象与轮廓，并给予人们难忘的印象。

　　景区的置景采用引景、借景、对景、底景、主景等不同手法，从而达到预期的效果。现代景观设计中中国传统古典理论的运用是丰富创作手法的重要一环。

第五章　各种类型景观设计

本章主要讲述的是各种类型景观设计，主要从以下四方面进行展开论述，分别为公园景观设计、居住区景观设计、后工业景观设计和城市广场景观设计。

第一节　公园景观设计

一、公园景观的功能及设计要求

（一）公园景观的功能

1. 休闲游憩功能

城市公园是城市的起居空间，是城市居民的主要休闲游憩场所。其活动空间、活动设施为城市居民提供了开展大型户外活动的可能性，承担着满足城市居民休闲游憩活动需求的主要职能。这也是城市公园的最主要、最直接的功能。

2. 维持生态平衡的功能

城市的生态平衡主要靠绿化来完成，二氧化碳的吸收、氧气的生成是植物光合作用的结果。城市公园由于具有大面积的绿化，无论是在防止水土流失、净化空气、降低辐射、杀菌、滞尘、防尘、防噪声、调节小气候、降温、防风引风、缓解城市热岛效应等方面都具有良好的生态功能。城市公园作为城市的绿肺，在改善环境污染状况、有效维持城市的生态平衡等方面具有重要的作用。

3. 美化城市景观的功能

城市公园是城市中最具自然特性的场所，往往具有水体和大量的绿化，是城市的绿色软质景观，它和城市的其他如道路、建筑等灰色硬质景观形成鲜明的对比。因此，城市公园在美化城市景观中具有举足轻重的地位。

4. 防灾、减灾的功能

城市公园由于具有大面积公共开放空间，不仅是城市居民平日的聚集活动场所，同时在城市的防火、防灾、避难等方面具有很强的保安功能。城市公园可作为地震发生时的避难地、火灾时的隔火带，大公园还可作为救援直升机的降落场地、救灾物资的集散地、救灾人员的驻扎地及临时医院所在地、灾民的临时住所和倒塌建筑物的临时堆放场。

（二）公园景观的设计要求

1. 总体规划要求

城市公园应以批准的城市总体规划和城市绿地系统规划为依据，确定公园的用地范围和性质。公园的总体规划要综合考虑社会效益、环境效益与经济效益之间的关系以及公园近远期建设的关系，根据批准的设计任务书，结合现状条件和规模确定功能分区、出入口、植物种植和地形改造规划、广场及园路布置、建筑及小品布置、建设时序规划等内容。以植物造景为主，尽可能营造自然环境，体现自然特征。

2. 功能分区

功能分区的作用是为不同年龄、不同需求的游人提供丰富多样的游憩娱乐活动分区，一般包括观赏游览区、文化娱乐区、安静休息区、儿童活动区、老人活动区、体育活动区和公园管理区等。

（1）观赏游览区

观赏游览区是游人动态游赏公园美景的区域，应合理安排游览路线，游览途中设置令人赏心悦目的自然及人工景物，设计方便游人驻足小憩的休息设施。

（2）文化娱乐区

文化娱乐区是游人开展文化教育、展览、表演、游艺等活动的区域，气氛喧闹，游人量较为集中，主要设施包括展览馆、画廊、露天剧场、舞场、青少年活动室、游艺厅等。该区域的位置应相对独立，避免干扰公园的其他区域，并可以方便地接入城市水电管网。

（3）安静休息区

安静休息区是游人欣赏优美清新的自然环境，在安静、自然形态的空间中休息、散步、赏景、品茗、野餐、日光浴、垂钓、对弈的区域，该区域景观应当具有自然特征，植被茂盛，同时远离主入口和其他喧闹区域。

（4）儿童活动区

儿童活动区是专为儿童提供的户外娱乐活动区域，功能明确，属于公园中的喧闹区域，要避免对其他区域产生干扰。活动内容的设置要有趣味性和互动性，配套设施应齐全，为陪同家长提供足够的休息等候设施，植物应选择无毒无刺的品种。

（5）老人活动区

老人活动区是专为老年人划分的活动区域。老年人是在公园游赏、娱乐的主要人群，活动也有动静之分，动态活动主要包括慢跑、跳舞、武术、球类、合唱、戏剧表演等，静态活动主要包括聊天、棋牌、静坐、晒太阳等。老人活动区要选择环境优美、便于抵达的区域，动区和静区要有分隔，静区可以和公园的安静休息区结合考虑。

（6）体育活动区

体育活动区是公园开展体育活动、健身的区域，条件允许的公园可在该区设置溜冰场、游泳池、各类球场、跑道、武术场地等内容，方便游人在景色优美的户外开展健身活动。

（7）公园管理区

公园管理区应当远离公园的主要活动区域，开设专门的出入口，方便公园管理。

3. 出入口的确定

公园出入口具有非常重要的作用，能够引导游人便捷地出入公园、展示公园形象、组织游览序列、方便公园管理。其位置选择应当根据公园周围的用地性质、城市交通状况、游人的主要来源方向和公园布局要求来确定。出入口包括主入口、次入口和专用入口，主要入口面向城市的主、次干道，应当设置内外集散广场、停车场、售票处、游人服务中心、小品设施等内容，大门的形象应当能够体现公园特征，美化街景；次入口作为主入口的补充，应当按照游人来源方向和总体布局，在公园四周的合理位置来安排；专用入口是为方便公园管理、生产、特殊接待设置的出入口，应避免与其他出入口之间的干扰，外观应朴素、简洁。

4. 用地比例

公园的用地包括园路及铺装场地、管理建筑用地、游憩服务建筑用地和绿化用地几大类，用地比例按照公园类型和陆地面积确定，应符合中国《公园设计规范》的相关要求。

当公园面积一半以上的地形坡度超过 50%、水体岸线总长度大于公园周边长度、公园平面长宽比值大于 3 时,园路及铺装场地的面积可适当增加,但增值比例不应超过公园总面积的 5%。[1]

5. 地形设计

地形设计是公园规划设计的重要内容,好的地形塑造可以创造多变的地形环境和小气候条件,形成便于活动、利于休息、易于识别、富有艺术特征的环境空间。自然式布局的公园,可以通过地形的塑造营造出接近自然的地形地貌,满足城市居民接近自然的需求。除了造景和组织空间,地形塑造还能够有效地组织全园排水,改善植物的种植条件。

公园控制点的标高应与相邻的城市道路标高相适应。一方面,满足园内地表排水排放的坡度要求,但也不能超过坡度限度,避免引起地表径流的冲刷;另一方面,公园的地形标高控制还要考虑到公园景观的营造,结合功能分区的划分来综合考虑,文化娱乐区和儿童活动区从活动的适宜性和安全角度来考虑,应当选择较为平坦的区域,便于开展活动和快速集散,安静休息区适宜在地形围合的幽静环境中活动。

地形塑造的主要内容包括陆地起伏地貌的控制点标高、规则式园林各地坪的不同标高,排水设计,最高水位、常水位、最低水位、水底标高的设计等,不同位置的水体深度设计要符合规范要求。地形设计还应考虑的因素包括:要因地制宜,即"高阜可培,低方宜挖"(《园冶》),充分利用地形原状;尽量减少工程量和运输量,争取土方平衡;地形地貌特征要符合自然规律,体现自然之趣;要考虑安全因素,山的高度、坡度、水体的深度都要符合相关规范的安全规定。

6. 其他要求

(1) 种植设计

种植设计指的是要根据公园的总体布局和分区规划要求来确定植物景观的风格特征、种植结构、基调树种、骨干树种等内容。树种选择应当以抗性强的乡土树种为主,适地适树,根据当地的气候条件确定常绿树和落叶树、速生树和慢长

① 易筑土木在线. 公园设计规范 GB51192-2016-3.3 用地比例 [EB/OL].(2022-08-25)[2022-12-15].https://bbs.co188.com/thread-10339875-1-1.html.

树、乔木和灌木、非林下草坪的合理比例，适当栽植引种驯化品种，根据不同的立地条件选择植物。另外，无论孤植树、树丛还是作为背景的成片树林，都要有适当的观赏距离和驻足观赏点。一般来说，视距应大于树高的 2 倍。

（2）园路和铺装场地

园路要根据出入口的位置和分区规划，结合地形、水体、植物群落、建筑设施等来布局，创造生动的游览序列和完整的景观构图。路的转折、衔接要符合机动车通行需要、游人的行为习惯，以及安全、顺畅游览的需要。铺装场地应根据总体布局和分区规划的要求，确定场地的位置、规模、活动方式，以及园路、地形、植物的空间关系等内容。

（3）建筑和设施设计

建筑和设施的占地面积、功能、位置、朝向、造型、材料、色彩等方面要根据规范的规定和总体设计要求来确定，满足服务功能和整体景观的需要，与地形地貌、铺装场地、水体、植物、小品设施相协调。小品设施的配置要满足不同的使用功能，并与游人容量相适应。

二、公园景观设计案例

（一）美国纽约高线公园

公园整体设计的核心策略是"植—筑"，它改变步行道与植被的常规布局方式，将有机栽培与建筑材料按不断变化的比例关系结合起来，创造出多样的空间体验。时而展现自然的荒野与无序、时而展现人工种植的精心与巧妙，既提供了私密的个人空间，又提供了人际交往的基本场所。新"高线"景观别具匠心的线性体验与哈德逊河公园的行色匆忙形成鲜明的对比，它更加悠然自得、孤芳自赏，在保留基地的孤立性和野性的同时，充分体现出一个新型公共空间所应具有的包容性。"植—筑"概念是整个设计策略的基础，硬性的铺装和软性的种植体系相互渗透，营造出了不同的表面形态，从高步行率区（100% 硬表面）到丰富的植栽环境（100% 软表面），呈现多种硬软比率关系，为使用者带来了不同的身心体验。

公园景观设计一直致力于尊重"高线"场地的自身特色：它的单一性和线性，

简单明了的实用性，它与草地、灌木丛、藤本、苔藓和花卉等野生植被，以及与铁轨和混凝土的完美融合性。设计的解决方案主要体现在三个层面：首先是铺装系统，条状混凝土板是基本铺装单元，它们之间留有开放式接缝，植被从特别设计的逐渐变窄的铺装单元之间生长出来，柔软的植被与坚硬的铺装地面相互渗透。整体铺地系统的设计与其说是单纯的步行道路，倒不如说是一种犁田式景观形态，场地表面软硬有致的变化形成一种独特的空间肌理，行人自如地穿行于层层叠叠花草丛间，让人完全置身其中毫无旁观的距离感。植被的选择和设置摒弃传统修剪式园林的矫揉造作，彰显出一种野性的生机与活力，充分表现场地本身极端的环境特点，也体现了浅根植物的特性。其次是让人放慢步伐，营造出一种时空无限延展的轻松氛围，悠长的楼梯、蜿蜒的小路以及不经意间的美景无不使人们放慢脚步，流连其间。最后是观察尺度比例的精心处理，尽量避免当前求大、求醒目的公园设计趋势。采用更加微妙灵活的设计手法，使公共空间层叠交替，沿途景色变化多端，一幕幕别样的风景，沿着简洁有致的路线展现在人们眼前，让人领略到沿途的美妙景色。

（二）丹麦哥本哈根西北公园

西北区是最能体现哥本哈根多元文化的一个城区，它所拥有的非西方移民的数量几乎是哥本哈根其余地区的两倍。因此，该区域存在一定的社会和经济问题，西北区的居民更加贫穷，而且经常失业，相比其他哥本哈根人，西北区的居民要居住在更小的公共房屋中，西北区本身还是一个拥有很少公共生活的灰色地带，这里是因犯罪和污染率高而闻名的。由此可见，西北区被俗称为"差北区"并不是一个巧合。

施朗国际建筑设计公司（SLA）的新式公共公园设计，为西北区的人们提供了一个重塑自身的难得机会。设计的目标是将一片广阔的、闭塞的、贫乏的空间（原城市巴士站和车库的污染区）转变成一片适宜所有不同文化、民族和年龄的人群生活的温馨天地。其中融入了灯光、颜色、树木、诗歌，甚至还有小山，再加上新颖的冒险经历和故事的神奇组合。随着这一系列的神奇组合引入到西北区，当地所有不同文化和肤色的居民都将会找到适合展现自己的空间。在这里，全年都充满着欣欣向荣蓬勃发展的氛围。

"1001 树林"的主题包括了四个简约、有效的元素：树木、道路、光线和锥形座椅。这四个元素为公园很多不同的部分之间创建了某种秩序和连续性。这四要素都是公园鲜明的特色。它们虽然简约，但是通过不同的整编搭配，创造了一系列随着气氛和感觉更迭而变化的空间和角落。这四个元素的运用和设计让公园与城市零散、灰色的环境迥然不同。

公园林木的选择是根据不同的地理起源，在丹麦维度位置的传统种类和世界各地的外来物种之间，创造出一种绚丽并令人兴奋的融合。

西北区是一个正在历经变迁的区域。基于 SLA 的设计，公园是一个处于这次积极变革的标志和导向。西北公园为破败的社区提供了一个开放式的公园，用以保护和反映该地区的多样性和变化性。公园反映出该地区的多样性、冒险精神、强烈的参与性、融入人群的需要以及寻求沉思的宁静境界。公园将致力于满足每一位游人的需求，让人们有宾至如归的感受，同时在服务质量上，公园有着与欧洲最好的城市公园相同的服务。

（三）天津桥园

公园采用当代设计手法，注重地域特色和景观体验。以东南角为原点，其功能和形式向西北一线分层演进，呈现由城市向自然的层层递变，与人对公园的使用强度相对应。临街密植乔木林带，以蔽行车之嘈杂，遂成市区绿洲之缓冲；林带以内，高台磊叠，长廊如虹，漫步其上，豪情随清风而起，烦意因晚霞而落；红罗粉裙，飘然于树冠之上，童颜须发，对弈于绿萝之下。台地间，花园下沉，野草杂花与艺术设计相辉映，稚童或游戏其间，少妇聊坐于石阶。高台勾连长廊，漏窗成景，溢绿野于街市，诱市民入桃源。浅水如带界分园之动静。东岸线桥参差，穿插于香蒲芦苇之间；西侧步道蜿蜒，与高台长廊隔水相望。核心区内，塑地形而成泡，标高程之微差，显水土盐碱之分异，生物群落相适应而生，野花纷繁，取样天津之自然。令平台伸入泡内，常有恋人相拥其间，听虫吟蛙鸣；偶有三五同学少年，指指点点，辨花识草，始知家乡景观之原委。绿泡间，柳林掩映，步道如织，晨练男女流连于步移景异，休闲游客贪逸于红台绿椅。公园西南角为服务建筑，怀水为明堂，环湖而布，漂浮于水面湿地之上，勾以连廊栈桥，供艺术与创意之用，也为茶酒之娱。

基于功能要求、地域及场地特征，桥园设计遵循两个概念即"城市—自然"谱系。公园整体结构以东南角的扇心为原点，以东、南两侧临街界面为两舷，分别平行向西、北分层推进，功能和形式上呈现由城市向自然的层层递变，形成一个"城市—自然"递变的谱系，与人对公园的使用强度相对应。

在景观元素构成和材料上，设计采用了取样的方式来反映天津的地域自然和文化景观特色。取样对象包括植物群落、植物材料以及工业材料，使公园为游人提供了完整而丰富的景观体验。

景观构成包括城市林带、高台—沉床园带、湿地—湖泊带、疏林草地—高台带、群落取样区西北边缘隔离带、一条对角线三个节点、一组服务设施。

项目旨在探讨另一种新园的设计途径，即把景观构成元素分解后，通过取样来还原地域的自然和文化景观体验。这种取样方式得益于统计学的原理。这样的设计旨在创造寻常的真实景观和真实体验，而非收珍猎奇和异常的体验。

第二节　居住区景观设计

一、居住区景观设计原则

（一）整体性原则

对于居住区的景观环境来说，它是整个城市环境中的一个重要的组成部分。居住区中景观环境的规划与设计，无论是要进行人工环境的创造还是自然环境的利用与开发，都必须注重和考虑到居住区景观环境与整体城市环境的联系，其中包括居住区景观环境的规模大小、占地面积、景观内容、环境功能、景观环境规划设计中的结构与布局，以及居住区中住宅建筑的密度情况、高度分布状况、造型特点、色彩风格、材质的选用等，都必须全面纳入城市的整体环境关系中来进行思考。

现代城市设计的思想与方法在居住区的整体设计中显得尤为重要，居住区设计应在可控的城市秩序下进行，以维护和谐的城市景观。

第一，保护城市已有的特色景观——天际轮廓线，尊重原有的整体格局，并为人们欣赏天际线提供良好的视觉条件。这就要求居住区建筑在一定宽度和高度范围内进行设计，建筑单体服从整体，创造优美的整体城市轮廓线。

第二，居住区沿街建筑体量应与道路宽度相吻合，从而达到有机与和谐。

第三，居住区设计应纳入有序的城市空间体系。要先对相邻的城市公共空间作详细的分析，在明确了居住区在整个空间秩序中的位置和角色后，再进行规划布局。通过合理的结构以及道路设计，充分考虑并努力保持与原有城市空间的连贯性，进而保存、强化原有的空间效果。

第四，居住区第五立面的设计应遵循与城市景观统一和谐、局部求变的原则，在延续传统的同时又与现代相呼应。

（二）生态性原则

伴随着城市发展，进入人们视野的是环境污染。因此，消除环境污染、推行绿色环保已成为当今社会，尤其是城市首要解决的问题。居住区作为城市的主要组成部分，其对生态环境的保护备受人们关注。为了提高居住区的生态环境质量，营造具有可持续性的、可循环性的生态景观和生活环境已得到社会公众的普遍认可与欢迎。

（三）人本位原则

居住区的规划设计意在为居民营造良好的"居住环境"。因此，在设计上首先必须坚持"以人为本"的原则，人是这一环境中的主体以及设计所要针对的主要对象，因此要建立良好的自然环境以满足居民的需求。

首先，由于个人的经济收入、文化程度、职业、兴趣爱好等的不同，造成民众对居住区环境的要求差别较大。特别是随着生活水平的提高，人们对住房与居住环境的要求也不断增高。因此，居住区景观设计应坚持"以人为本"的原则，以满足各种不同层次、不同兴趣爱好的居民对住宅环境的需求。

其次，在进行居住区景观环境设计时，还必须考虑到居住者需求功能的多样化，例如居住的功能、休闲的功能、活动的功能、娱乐的功能、交往的功能等，应为居住在此环境之中的使用者提供一个适宜的空间环境，有效提高居住区的环境质量，进而增强居住区中生活环境的吸引力。必须建立一个居住功能完善、空间构成合理、道路交通便捷以及适应环境要求的景观环境空间体系，以满足景观环境的可持续发展要求。

（四）便利性原则

居住区景观环境设计必须体现便利性的原则。这主要表现在居住区的内部交通设计与其周围环境中的外部交通状况，整体的公共设施配套与相关服务方式的方便程度这两个方面。从居住区的内部交通系统来看，设计中要做到动静分区、人车分流，道路交通以人行为主，并且人行优先。而从居住区的外部交通系统来看，在设计居住区内交通时不但要考虑到居住区内居民出行的方便性，同时还必须为内部交通提供方便与便利。居住区级、小区级道路应主要考虑满足车行交通需求，设计应简洁顺畅；小区级道路还应通过线形设计来降低车速并限制小区外车流穿过，保障居民生活安全；宅间小路则应禁止车辆通行，以步行为主导进行线形、铺装设计，营造浓厚的生活气息；小区内步行道应以使用者的舒适为出发点，在满足功能的前提下，宜曲不宜直，宜窄不宜宽，充分创造居住区的休闲气氛。

从居住区内的公共服务设施来说，要根据居住区内居民的各种生活习惯以及各自的活动特点，在整体设计的布局结构中进行相应的景观环境组织，使其具备宜人的建筑尺度与良好的服务方式，为居住区居民提供一个优良便利的生活与服务空间。

（五）安全性原则

居住区景观环境设计的安全性原则，主要是由居住区的环境安全性与社会安全性两方面。

居住区的环境安全性是指应避免由于环境恶化而对居民生存与生活产生的危害，另外还包括居住区中景观环境设施的安全保证，这是居住区中最基本的安全要求。在进行居住区的景观环境设计时，必须首先考虑环境安全中的不利因素，采取切实可行的应对措施。

对于居住区的社会安全性来说，它是指居住区的景观环境应具有完善的治安保护措施，能够有效地保证居住区中居民的人身安全与财产安全，并能抵御各种突发事故和自然灾害，保证居民安居乐业。这一点也是需要在设计时必须同时进行考虑的重要方面。

二、居住区景观设计内容

（一）总体环境

对总体环境的把握是确立居住区景观特色的基础。我国地域广大，气候特征从南到北各不相同，按照住房和城乡建设部发布的建筑气候区划标准，我国一级区划共分为五个区。从严寒、寒冷、温和、夏热冬冷到夏热冬暖地区在规划、建筑和环境设计上都各有不同。

严寒和寒冷地区由于冬季较为漫长，气候干燥、风沙较大，规划时要注意使建筑物充分满足冬季防寒、保温、防冻等要求，夏季部分地区应兼顾防热。规划应使建筑物满足冬季日照和防御寒风的要求，可采用较为封闭的围合式布局以减少冬季风沙对居住区的干扰。景观设计时水景不宜过多，构筑物及道路也应考虑冬季抗冻。居住区内部的休闲活动区应该尽量布置在冬季无风的阳光地带，同时为利于水管和暖气管的穿越，住宅不宜采用架空层。

炎热地区可多设置水景以调节气候，行道树和庭院树种宜选择冠幅大、遮阴效果好的大、中型乔木。夏热冬暖的气候特点使得人们户外活动的频次增高，因此，户外活动场地和设施的面积及种类应增加。良好的气候环境使这个区域植物品种繁多生长态势良好，花期也较长，设计时应充分利用五彩缤纷的植物色彩来丰富景观环境。

温和地区立体气候特征明显，大部分地区冬温夏凉，干湿季分明，太阳辐射强烈，部分地区冬季气温偏低。规划设计时应注意使建筑物满足湿季防雨和通风要求，可不考虑防热，主要房间应有良好朝向。由于气候冬暖夏凉，景观设计时植物和水景的应用也非常广泛和自由，架空层的使用也较为普遍，植物讲求乔、灌、草的合理搭配，落叶树种和常绿树种可根据视觉要求穿插使用。

（二）人文环境

居住区景观的人文环境应从精神文化的角度去把握其内涵特征，从自然环境、建筑风格、社会风尚、生活方式、文化心理、审美情趣、民俗传统、宗教信仰入手，在空间形态、尺度、色彩和符号中寻找其代表性元素，寻求传统与现代的契合点，使优美的景观与浓郁的地域文化有机统一、和谐共生。同时，还要注意居住区人文环境构成的丰富性、延续性与多元性，使居住区环境具有高层次的文化品位与特色。比如，座椅、灯具、垃圾箱、标志牌、健身器材等设施，在满足功能需求的条件下，也应尽量体现地域文化特色，从形态、色彩、文化等隐含着的因素入手，通过细微的差异性设计来提升居住区的品位。

（三）视觉环境

视觉景观环境是居住区的重要内容之一，视觉环境的好坏直接影响人们的心理感受。优美的视觉景观环境会给人带来愉悦的心情，使人精神振奋，倍感舒适。

以对视线遮挡的感受来划分，居住区景观有三大要素空间，即实空间、虚空间和柔空间。视线全遮挡不能透过的为实空间，如利用景墙遮挡视线形成的实空间；视线完全不受阻挡的为虚空间，如利用低栏杆围合或玻璃围合而形成的虚空间；视线被半遮挡的为柔空间，如利用水景、木亭、植物组合而成的柔空间。将这三者巧妙结合可形成居住区丰富多彩的景观空间。另外，对景、衬景、框景等设计手法都可使景观的视觉效果加强并形成视觉焦点。要达到良好的视觉景观效果，还需要考虑各景观要素的色彩、质感、比例、尺度等给人们带来的不同观赏效果，设计时应充分运用形式美的原则和规律营造良好的居住区视觉景观。

（四）光环境

光环境与居民的户外活动有着密切的联系，影响着居民的身心健康。为了促进居民的户外活动，居住区景观空间应尽可能营造良好的光环境。

良好的居住区光环境，不仅体现在最大限度地利用自然光，还要从源头控制光污染的产生。如在选择景观材料时须考虑材料本身对光的不同反射程度，以满足不同的光线需求；小品设施设计时应避免采用大面积的金属和镜面等高反射性材料，以减少居住区光污染；户外活动场地布置时，朝向应考虑减少眩光。在气候炎热地区须考虑树冠大的乔木和庇荫构筑物，以方便居民的交往活动；阳光充足的地区宜利用日光产生的光影变化来形成独特景观。另外，居住区照明景观应尽可能的使人感到舒适、温和、安静和优雅，照度过高不仅浪费能源，也无法营造温馨宜人的光环境。

绿化作为景观的重要组成部分也跟光环境有着密切联系。如宅旁绿地宜集中在住宅向阳的一侧，因为朝南一侧更具备形成良好的小气候的条件，光照条件好，有利于植物生长，但设计上需注意不能影响室内的通风和采光，像种植乔木，不宜与建筑距离太近，在窗口下也不宜种植大灌木。住宅北侧日光不足不利于植物生长，应采用耐阴植物，另外，建筑东、西两侧可种植较为高大的乔木以遮挡夏日的骄阳，夜间还可利用庭园灯与植物的结合，形成明暗对比，凸显景观的幽静和温馨。

第三节 后工业景观设计

一、后工业景观的定义

后工业景观（Post-Industrial Landscape），也称为"工业之后的景观之后"，是指人类社会进入后工业社会后，由于传统产业衰退或工业企业区位迁移，工业场地上原有的工业生产活动停止，对遗留在工业废弃地上的设施和场地环境加以保留和更新利用，并选择性地进行艺术加工与再创造，以保护有价值的工业遗产（遗存），发掘和彰显其技术美学特征，传承工业历史文化等多义内涵，并作为环境优化和美化中具有主导意义的景观构成元素来设计和营造的新景观类型。

在景观规划设计和建设实践中，很多情况下并不局限于对景观元素的孤立处理，而是将场地上的各种自然和人工环境要素统一进行规划设计，构成能够为公众提供工业文化学习与体验、休闲、娱乐、体育运动、科教等多种功能的城市公共活动空间。

二、后工业景观的设计对象——工业废弃地

（一）工业废弃地

废弃地就是弃置不用之地，包括在工业与农业生产、城市建设等土地利用过程中由于自然或人为作用所产生的各种废弃闲置的土地。工业废弃地是其中最主要的形式之一。

工业废弃地是指受工业生产活动直接影响失去原来功能而废弃闲置的用地及用地上的设施。工业生产活动影响指的是工业生产活动终止或工业生产过程中所采用的资源生产技术方法。其中的"工业"以第二产业为主要类型，也包括部分与工业生产密切相关的第三产业。

在外延范畴上，工业废弃地包括废弃工业用地，废弃的专为工业生产服务的仓储用地、对外交通用地和市政公用设施用地，以及沿用资源生产技术方法所形成的采掘沉陷区用地、废弃露天采场用地、工业废弃物堆场用地等。

（二）工业废弃地成因

传统矿业、制造业等产业衰退，导致相关企业破产倒闭，使工业生产活动停止。产业衰退现象是经济发展进程中产业结构调整转型的必然产物，是由产业生命周期的基本变化规律决定的。

经济活动推动下的城市产业结构优化升级、用地布局调整、土地制度改革和环境保护需求等导致城市空间结构的变迁，由于工业企业进行空间区位转移而发生了用地置换，原来用地上的工业生产活动停止。

沿用由生产工艺和技术水平所限定的矿产资源生产技术方法对地表环境造成了破坏性影响。例如，矿产资源开采和初加工业所采用的地下井工开采、露天开采等生产技术方法，对地表环境造成的破坏性影响是巨大而广泛的，采掘沉陷区、废弃露天采场、工业废弃物堆场等都是这类生产技术方法的产物。

三、后工业景观的设计目标

（一）保护有价值的工业遗产（遗存）

后工业景观设计强调对工业废弃地上各历史阶段工业建设遗留下来的具有历史价值、技术价值、社会价值、建筑学价值、科学价值、艺术审美价值的工业遗产（遗存）进行保护和更新利用。对于工业遗产（遗存）中哪些要素应加以保护、维护和修缮，哪些要素可以更新利用和如何进行更新利用，应基于工业遗产（遗存）价值评估指标体系的构建，在对其价值进行综合评估后，选择确定具体的设计和营造对策。

（二）发掘和彰显技术美学特征

技术美学是随现代科学技术进步产生的新的、独立的美学分支学科，是研究物质生产和器物文化中有关美学问题的应用美学学科，涉及艺术学、文化学、符号学、哲学、社会学、心理学以及各种技术科学。技术美学创立于20世纪30年代，最初应用于工业生产，也称工业美学。其后，广泛应用于建筑、运输、商业、农业、外贸和服务等行业。

工业废弃地上遗留的各种设施和场地环境的技术美学特征作为后工业景观中突出的特质，应在设计和营造中进行分析、发掘，并通过艺术和技术手段加以强化和凸显，形成区别于其他景观风格类型的独特的景观风貌。

（三）优化和美化环境

工业废弃地是工业化发展进程中的伴生物，产生了诸多环境负效应，表现为占用和破坏土地资源，造成土壤、水质、大气等环境污染，诱发地质灾害，致使生态退化，破坏自然生态景观和城市人文景观等。而从积极的视角来看，工业废弃地更新利用既然势在必行，那么其所具有的丰富的土地资源和在城市发展历史中所形成的独特的工业文化背景，为城市环境的优化、美化和健康稳定发展提供了机遇和载体。

充分利用遗留在工业废弃地上的工业场地和设施，改变其破残衰败、污染严重的环境现状，构建生态健康、视觉环境优美、富有生机和魅力的新景观环境，并为公众提供适宜于休闲娱乐、文化体验、居住、购物、工作、健身的人居环境，成为设计与营造后工业景观的主要目标之一。

（四）传承工业历史文化等多义内涵

工业化社会是人类社会发展进程中的一个历史阶段，对该阶段所形成的、见证了工业文明演化和变迁过程的、具有代表性的工业设施和遗址加以保护、适应性再利用和创新性再生，有助于传承工业历史文化，实现人类文化遗产的连续性、完整性和多元性。而对于熟悉这些工业场所并伴随其成长的公众而言，场所认同、历史记忆和空间精神归属等多义内涵也是在景观规划中不容被忽视的重要因素。

四、后工业景观的设计方法

（一）保护与延续工业文化

1. 结构与关键节点保护与再生

（1）整体结构保护

整体结构保护是指在景观设计中，对工业厂区的整体布局结构（反映工业生产加工、储存、运输整体工艺，从原料输入到产品输出的全过程的布局结构，包括功能分区结构、空间结构、交通运输结构等）、具有代表性的空间节点和构成要素以及场地环境等进行全面保护，仅采用有限的新景观元素穿插、叠加、镶嵌在旧的景观体系框架中的后工业景观设计模式。采用该模式对原工业景观的改造是轻微的、有机的、小范围的，可以更完整、更全面、更系统地保护工业遗址中遗留的有价值的信息。

①功能分区结构。功能分区结构指的是体现工业生产工艺流程和场地环境特征的工业生产系统分区的结构。工厂厂区具有共性的功能分区，包括主要生产区、辅助生产区、仓储库房区、动力与市政设施区、管理与生活区等。而不同的工业类型由于生产流程、设备、产品特征等方面的差异，其具体的功能内容和分区结构具有较大差异。例如，炼钢厂主体功能区包括电炉区、精炼区、连铸区、除尘区、水处理区等功能区；采油厂包括井场装置、计量站、集输管线、转油泵站、油库、注水站、配水间、供水工程设施、输配电设施、供热设施、管理办公等功能区；造船厂主要包括库房和堆场区、切割加工区、船体加工区、分段装配区、分段总组区、船建造坞区等功能区。

②空间结构。空间结构主要是指工业厂区实体与空间的组织结构，与功能分区结构和交通运输结构具有密切的关联。例如，厂区内的厂前区广场、堆场、室外装配场地、物流集散场地等构成厂区的面状开放空间；道路交通、铁路交通、自然河流、人工水渠等形成厂区的线性空间。

③交通运输结构。交通运输结构主要由厂区物流、车流、人流组成。

④代表性空间节点和构成要素。典型建筑物、构筑物、工业设备、开放空间等组成厂区具有标志性意义的空间节点和构成要素。

（2）局部区块保护

局部区块保护是指对工业厂区中有特色、有价值、整体性强的局部区块进行保护和再生的后工业景观设计模式。在景观设计中，对于拟保护区块的结构以及具有代表性的空间节点和构成要素等都应力求加以保护。而对于保护区块以外其他功能区的设施和环境，可以选择有价值的部分保留，并采用新的景观元素进行改造更新；也可以整体开发建设成其他类型的功能区。例如，在宁波太丰面粉厂文化创意园区的设计中，设计者对原厂区西部区块和北部区块进行了保留，仅对建筑功能进行了更新，形成了沿甬江的连续的工业景观界面。还在保护局部区块结构的基础上，穿插了休闲区、露天剧场和后工业景观雕塑。而对东南部功能区块则采取了完全更新的策略，新建了宁波书城和商务办公写字楼。

（3）关键节点保护

关键节点保护是指选取厂区中具有代表性和遗产价值的工业建筑物、工业构筑物、工业设备等关键节点，采取"古迹陈列式的保留"方式，作为控制景观整体系统的标志性主导元素，其他设施可以更新改造或拆除。关键节点保护模式的景观体系中，可以进行大规模的新景观营造，在污染治理、生态保护、生态恢复与重建的基础上，加入新的景观元素，塑造新旧对比、融合共生的整体景观。

采用"关键节点保护"模式的典型案例是由理查德·哈格设计的美国西雅图煤气厂公园。哈格选择了在形式上具有视觉冲击力的精炼炉等工业设备作为后工业雕塑保留下来，为市民提供体验工业文化的载体；厂区中保护完好的压缩车间厂房及其工业设备则更新利用为儿童娱乐设施；而厂区的场地环境经过土壤污染治理后，营造以自然景观为主的开放空间，作为市民和游客休闲、游憩的场所。

2.单体工业设施保护与再生

（1）单体工业设施保护与适应性再利用模式

后工业景观思想认为，废弃工业场地上遗留的各种设施及其环境具有特殊的工业历史文化内涵和技术美学特征，映射了人类开发自然、获取资源所进行生产活动的现代技术背景，是人类工业文明发展进程的见证，应对有价值的工业文化信息加以保留并作为后工业景观设计中的主要元素。

对单体工业设施的保护在对其价值进行评价的基础上，可以采用多样化的保护手段。多数情况下，不仅仅是单纯的静态保护，而应基于对原工业设施的特征、价值、内涵、逻辑的充分尊重，进行适应性再利用，以使其获得新的使用价值，并通过定期检测、维护和修缮延长其寿命。单体工业设施保护与适应性再利用的模式可以概括为以下几种模式：

①博物馆模式。将单体工业设施更新为博物馆主要有以下三种形式：

A.利用建筑及设施的内部空间作为博物馆展厅。例如，德国将多特蒙德市的"卓伦"Ⅱ号、Ⅳ号煤矿原来的标签检验办公室、盥洗室、灯房、工资发放大厅等更新为以鲁尔区采矿工业社会和文化历史为展示主题的博物馆。

B.建筑（包括内部结构、设备）或设施自身作为向游人展示并传递工业技术文化信息的展品。例如德国多特蒙德市"卓伦"Ⅱ号、Ⅳ号煤矿中的分拣车间基本保持以前生产时的布置方式成为博物馆的展厅。

C.为参观者提供过程体验的动态博物馆。例如，在德国"波鸿—达赫豪森铁路博物馆"，游客可以乘坐老式的蒸汽机车感受真实的旅行体验。

②展览馆模式。工业建筑或大型工业设备的内部空间、支撑结构、设备设施等可用于陈列展品、构建成展览馆、艺术中心、室外展场等。例如，德国奥伯豪森市的"煤气储罐"利用气罐内部可升降的空气压缩盘分隔空间，可以变换不同的空间尺度和形态，再生为欧洲最壮观的室内展场；德国埃森"关税同盟"炼焦厂在完整保护厂区工业设施的基础上将其转变为欧洲的设计展示中心；北京798的旧工业厂房更新利用为美术作品陈列展示空间；上海红坊创意产业园将旧厂房再生为"伊莱克斯"产品展示馆，并利用高大车间厂房空间分隔后形成的走廊空间陈列雕塑等艺术品。

③体育与休闲活动模式。利用保留下来的旧工业建筑物、构筑物、设备可以打造出用于市民和游客开展体育、健身、休闲娱乐活动的场所和设施。例如，在北杜伊斯堡景观公园中，原钢铁厂的煤气储罐改造成潜水俱乐部专用的潜水中心；"矿石料仓"的混凝土墙壁被改造利用为攀岩俱乐部开展攀岩运动的载体；上海红坊创意产业园将部分厂房建筑改造为搏击俱乐部和训练场。

④办公模式。目前，将旧工业建筑改造为文化创意产业办公空间（或艺术家工作室）是国内普遍应用的模式。例如，上海"八号桥"改造利用旧工业建筑，形成包括建筑设计、室内装修设计、服装设计、商务策划咨询、时尚策划咨询、

工业设计等国内外知名文化创意公司汇聚的创意产业园区；杭州丝联 166 文化创意园区也以办公模式为主，入驻的文化创意公司主要有：建筑设计、工业设计、艺术品设计、摄影艺术、广告设计、平面设计、家具设计、室内装饰设计、服装设计、文化艺术策划、房地产营销策划等。

⑤商业服务模式。在绝大部分工业遗产中，都利用原有工业建筑设置了商业服务空间，诸如零售店、书店、艺术品销售点、餐饮店、咖啡厅、酒吧等配套服务设施。其中，一些富有特色的咖啡厅、酒吧已成为艺术家、设计师聚会、交流、商务会谈、头脑风暴的著名场所。

（2）单体工业设施保护与再生方法

①原真性保护。对于具有重要历史价值、技术价值、社会价值、建筑学或科学价值的工业文化遗存，在景观设计中应充分尊重与保护附有这些信息的设施载体。依照《威尼斯宪章》《内罗毕建议》等国际上有关文化建筑遗产保护的纲领性文件的规定，遵照"全真性"保护的原则，基于充分研究，审慎地采取保护、维护、修复、加固等措施，并对所采取措施的各种相关记录加以保存。

②工业设施原真性保护的方法。

A.静态雕塑性保护。这种保护方式维持拟保护工业遗产（遗存）的原状，基本不采取更新利用措施，强调提供视觉意义上的感受和体验，多用于后工业景观中对工业设备、工业构筑物的保护。例如，美国西雅图煤气厂公园中的精炼炉、德国北杜伊斯堡景观公园中的工业设备和管道、德国弗尔克林根钢铁厂的工业构筑物和工业设备等都采用了静态雕塑性保护的方法。

B.再生性保护。这种保护方式在保护工业遗产（遗存）有价值信息的基础上，可以进行适应性再利用，赋予其新的价值。多用于工业建筑及其内部机器设备。例如，前文介绍的单体工业设施保护与适应性再利用的"博物馆模式"和不改变设施原貌的部分"展览馆模式"都采用了再生性保护的方法。

③空间与形式更新（改建或扩建）。对于大多数遗产价值不高的旧工业建筑而言，可以在保护部分有价值信息的前提下，经部分改建或扩建后，赋予其符合原设施系统逻辑的新功能，包括空间更新和外部形式更新。

（二）艺术加工与再创造

1. 工业设施艺术加工

（1）工业设施艺术化设计

分析研究原工业设施中的形式构成要素，按特征分类，从中提取或分解重要元素，借鉴现代艺术创作手法进行艺术化加工处理。由于在设计中不掩盖景观元素自身的工业化特质，经过艺术加工的元素在形态、内涵、逻辑上与原工业厂区的场地环境和工业设施相呼应和匹配，具有一定的进化和创新意义。例如，在德国盖尔森基兴的诺德斯特恩景观公园中，保留了废弃工业厂房的部分钢结构框架，经艺术加工后既作为公园中的雕塑性景观，又在形式逻辑上暗示和完善了建筑曾经的状态；广东中山岐江公园在水塔外部罩上了金属框架的玻璃外壳，名为"琥珀水塔"，形成了园区中富有意趣的标志性景观；上海世博园中原南市发电厂的烟囱经艺术加工成为能解读实时环境气温的巨型温度计。

（2）艺术化装饰

艺术化装饰是把艺术作品（或利用工业设施创作的艺术品），诸如雕塑、绘画等，作为后工业景观的构成要素，对整体景观环境进行艺术加工。例如，在北京 798 创意产业园区、上海 M50 文化创意产业园区、上海红坊文化创意产业园区、上海宝山国际节能环保园（上海铁合金厂）中都把艺术作品作为园区中的艺术化装饰景观元素；而把废弃墙面作为涂鸦墙，与旧工业设施的整体景观氛围相呼应，也是很具感染力的艺术化装饰方法。

（3）色彩艺术化加工

采用鲜艳颜色或强烈对比的色彩组合对工业建筑物、构筑物、设备管道等进行艺术化加工，可以丰富景观层次、强化视觉冲击力。例如，广东中山岐江公园西部船坞遗留的钢构架涂上了明快的红、蓝、白色；西雅图煤气厂公园车间厂房改造的儿童游戏乐园，采用红、黄、蓝、紫等颜色涂刷压缩机和蒸汽涡轮机等，营造了适宜儿童游乐欢快的气氛。

2. 工业地貌艺术处理

后工业景观对工业地貌的艺术处理主要应用"极简主义"与大地艺术的创作方法。

"极简主义"艺术产生于 20 世纪 60 年代新的艺术思想观念和创作倾向不断涌现的时期，主张艺术创作回归原始、基本的结构、秩序和形式，把简洁的或连续、重复的基本几何形体作为主要的艺术表达语言，最初应用于绘画，更多是通过大尺度雕塑艺术作品的创作应用于大地艺术和广场、公园等景观的设计。

较早尝试将"极简主义"雕塑和大地艺术创作与景观设计结合的是日裔美籍艺术家野口勇，在他设计的一系列作品中，以场所地表为对象，采用了切割、隆起、凹陷、层叠、翻卷、扭曲、褶皱等创作手法，将地表塑造成金字塔、圆锥、陡坎、斜坡等各种三维形态，用以限定和创造外部空间。

美国著名景观设计师彼德·沃克受"极简主义"影响较大，在他的景观设计中多以简单的圆形、椭圆形、三角形、方形等几何要素为母题，通过母题的重复、交叉、重叠等来建构秩序。他将自然材料、自然生态要素与玻璃、钢等工业材料结合，并纳入到他严谨的几何秩序之中。

大地艺术对后工业景观设计最重要的影响是对工业废弃地场地地形的艺术化处理以及多义内涵的提炼。例如德国景观设计大师，彼得·拉茨在其设计的"北杜伊斯堡景观公园"中，将废弃的原厂区铁路作为大地艺术的表征，并命名为"铁路竖琴"，赋予其富有意趣的艺术内涵。由普里迪克和弗雷瑟设计的，位于德国盖尔森基兴市的"诺德斯特恩公园"是利用废弃煤矿区更新改造的，设计者在对矸石山进行生态恢复后，采用了植被与裸露的土壤相间的手法映射了人工干预与原始肌理的差异性。

（三）生态恢复与重建

恢复工业废弃地生态的一般程序是：

第一，对工业废弃地受损的地形地貌进行恢复，使土地表层稳固。

第二，采用物理、化学、生物技术添加营养物质，去除土壤中的污染物和有毒物质，对土壤系统进行修复。

第三，筛选适宜的植物种类进行栽种并加以养护。

第四，逐步恢复和重建整个生态系统。

1. 采矿沉陷区生态恢复

（1）措施之一：充填复垦法

当沉陷深度不大且无积水或积水较浅时，可以利用矸石、粉煤灰、其他固体废弃物或客土进行"充填式复垦"，实现生态系统的地表基底稳定性，为生态系统的发育、演替提供载体；其后，恢复植被和土壤，提高土地生产力，增加种群种类和生物多样性，提高生态系统的自我维持能力和景观美学价值。经地质勘探已稳沉的沉陷区充填复垦后也可以作为建设用地。采用充填复垦法的不利之处在于，若把固体工业废弃物作为沉陷坑的充填物，存在着对土壤、地表水、地下水和植被造成长期污染的潜在威胁，需要采取构建刚性或柔性地下防渗构造做法阻断污染途径。

（2）措施之二：挖深垫浅法

这是目前国内广泛采用的采矿沉陷区恢复方法，即利用挖掘机械将塌陷较深的区域进一步挖深，形成水体；挖出的土方充填沉陷浅的区域，恢复为植被。该措施操作简单，适用于沉陷较深、存在积水的高、中潜水位地区。淮北矿务局"沈庄煤矿"、皖北矿务局"刘桥一矿"、平顶山矿务局八矿、徐州矿务局"张小楼矿"和"大黄山矿"，均采用"挖深垫浅法"对采煤沉陷区进行生态恢复。

（3）措施之三：直接利用法

对于大面积积水或积水很深的沉陷区，或处于沉陷过程中地质尚未稳定的区域，常直接利用为水产养殖鱼塘或改造为生态湿地。

2. 工业废弃物堆场生态恢复

工业废弃物堆场包括矸石山、废渣山、排土场、尾矿场等。其中，具有代表性的矸石山的生态恢复措施包括以下四种：

（1）山体整形

矸石山多呈圆锥形，坡度一般为36°，为满足植被栽植和水土保持的要求，需要对山体进行整形处理。国外常用的"缓坡整地法"会完全改变山体形态，使山体坡度平缓，不足之处是工程量大、成本高。国内一般采用"反坡梯田整地法"，考虑由上而下施工方便以及植被灌溉的需求，基本保持山体形状和坡度，梯田田面与坡面坡向相反，便于蓄水，反坡坡度为15°。

（2）建立可抵达山顶的环山道路

环山道路建设可以满足生态恢复工程施工的运输要求，也便于生态恢复完成后游人登山。

（3）山体表面覆盖物料

山体表面覆盖物料可采用树皮、碎木屑、城市污泥等含有大量有机质、养分和微生物的物料，也可采用覆土方式。

（4）植被引入和栽种

基于对矸石理化特性的分析，依据当地自然条件选择能在矸石山上定居的植物，优先采用耐干旱、耐贫瘠、根系发达、萌发强、生长快的乡土草种和树种。

3. 废弃物再利用

可以进行再利用的废弃物包括：不具有环境污染且对人体没有危害的废弃工业原材料、废弃工业半成品、废弃机器设备及其零部件、工业生产排放的废弃物、部分工业建构筑物拆除或破坏遗留在场地上的废弃建材、工业生产过程在地表形成的废弃物等。

废弃物再利用的方法主要包括：

（1）废弃物作为景观构成要素直接再利用

利用这种方法可以构建与旧工业厂区的整体环境氛围相匹配的场地景观。例如，在北杜伊斯堡景观公园中，利用工业生产形成的沉积在厂区内的废渣铺筑道路、广场；采用厂区中的废沙土铺设活动场地等。

（2）废弃物直接作为景观设施的砌筑材料

就地取材，充分利用场地中砖、石、土、砂等废弃建材以及煤矸石、尾矿石等，砌筑景观小品、挡土墙、台阶、花坛等景观设施，也可以作为土方材料或水渠、湿地、河道的填筑材料。

（3）废弃物经过二次加工作为景观设施材料

例如，利用废弃的金属材料、废弃机器设备及其零部件等经过二次加工后，作为景观小品、雕塑艺术作品的材料或构件。

第四节　城市广场景观设计

一、城市广场的基本形式

广场的形式也可以说是广场的形态，是建立在广场平面形状的基础之上的。通过这些不同形状的基面来制造各种空间形态。以广场用地平面形状为依据，广场主要分为规则型和不规则型两种形式。广场的形式要根据广场所处的地理环境以及广场的功能、空间性质等各方面因素综合考虑确定。规则型广场用地比较规整，有明确清晰的轴线和对称的布局，一般主要建筑和视觉焦点都建在中心轴线上，次要建筑等对称分布在中轴线两侧。像城市中具有历史性、纪念意义的广场多采用规则型。

（一）规则型广场

规则型广场的具体形态包括矩形、圆形、正方形、梯形等。

1. 矩形广场

矩形广场形态严谨，缺少灵活变动的趣味，给人一种端庄、肃穆之感，因此举行重要庆典或纪念仪式活动的广场多采用矩形广场形式。矩形广场的设计一般是在广场的四周建各种建筑物，留一处或两处出入口与城市道路相接，形成封闭或半封闭的广场空间。广场上以轴线方向或其他标准布置雕塑、喷泉、绿带、花坛、纪念碑等小品，营造出美观的环境效果。矩形广场的空间设计应当注意与广场四周的建筑高度及风格相差不宜太大，广场上游戏设施、餐饮处、广告等不宜布置过多，以免造成混乱感。

2. 圆形广场

圆形是几何图形中线条较为流畅的一种图形，而且具有其他图形不具备的向心性。圆形包括正圆和椭圆，中心可有无数条放射线向边沿发射，图形虽然相对简单，但充满轻松、活泼之感。圆形广场同样具有圆形的这些特征。圆形广场一般位于放射型道路的中心点上，周围由建筑物围合，与多条放射型道路相连，构成开敞的空间。与矩形广场相比，圆形广场轴线感并不是那么强烈，但有着较强的圆润优美感，总能给人以轻松、活跃之感，不会产生拘谨感。圆形广场的视觉焦点在圆形的圆心，因此一般在广场中心布置的喷泉、雕塑、纪念碑等物往往会形成景观的焦点。为了使广场景观更加丰富，还可以将广场的平面设置成多个圆环相套的形式，形成圆环形布局。比较著名的圆形广场实例有法国巴黎的星形广场和意大利罗马的圣彼得广场等。

3. 正方形广场

正方形方方正正，是几何图形中最规整的一种图形，是一种"理智"的象征。

正方形拥有四条相等的边，有两条中心线和两条对角线，是轴对称图形。正方形广场具有很强的封闭性，给人一种严整的感觉。广场的中心即为正方形的中心，是人们视觉感知的主要区域。正方形广场典型的实例有古典主义时期建成的法国巴黎孚日广场。

4. 梯形广场

梯形好像是一个完整的矩形被切掉两个角一样，与矩形一样，有明显的轴线，可以看作由矩形演变而来的一种规整图形。梯形广场四周建筑物的分布往往能给人一种主次分明的层次感。如果将建筑物布置在梯形的底边上，能产生距离人较近的效果，突出整座建筑物的宏伟。另外，梯形广场由于有两条斜边，人站在上面，视觉上会产生不同的透视效果。

（二）不规则形广场

不规则形广场是相对规则型广场而言的，一般是在某种地理条件、周围建筑物的状况以及长期的历史发展下形成的。不规则形广场既可以建在城市中心，也可以位于建筑前面、道路交叉口等位置，具体布局形式需结合地形综合考虑。

二、城市广场的设计原则

（一）满足人在广场中的行为心理

现代城市广场是为人们提供更方便、舒适地参与多样性活动的公共空间。因此，现代城市广场的规划设计更要贯彻以人为本的原则，主要就是对人在广场上活动的环境心理和行为特征进行研究。

人的行为心理是人与环境相关关系的基础和桥梁，是空间环境设计的依据和根本。心理学提供了这种空间环境中"人"的观点。根据著名心理学家亚伯拉罕·马斯洛关于人的需求层次的解释，我们把人在广场上的行为归纳为四个层次的需求：

一是生理需求，即最基本的需求，要求广场舒适、方便。

二是安全需求，要求广场能为自身的"个体领域"提供安全的心理保证，防止外界对身体、精神等的潜在威胁，使人的行为不受周围的影响还能保证个人行动的自由。

三是交往需求，这是人作为社会中一员的基本要求，也是社会生活的组成部分。每个人都有与他人交往的愿望，如在困难的时候希望得到帮助，在快乐的时候与人分享。

四是实现自我价值的需求，人们在公共场合中，总希望能引人注目，引起他人的重视与尊重，甚至产生想表现自己的即时创造欲望。这是人的一种高级需求。

广场空间环境的创造就需要充分研究和把握人在广场中活动的行为心理，满足上述不同层次的要求，从而创造出与人的行为心理相一致的场所空间。

（二）城市空间体系分布的整体性

整体性包括功能整体和环境整体两个方面。功能整体是说一个广场应有其相对明确的功能和主题。在这个基础上，辅之以相配合的次要功能，这样广场才能主次分明，特色突出。环境整体性同样重要，一方面要考虑广场环境的历史文化内涵，另一方面还要考虑时空的连续性、整体与局部、周边建筑的协调变化有致问题。更重要的是，作为城市空间环境有机组成部分的广场，往往是城市的标志，是城市开放空间体系中重要的节点。但是城市中的广场有功能、规模、性质、区位等区别，每一个广场只有正确认识自己的区位和性质，恰如其分地表达和实现其功能，才能共同形成城市开放空间的有机整体性。因此，对于不同功能、规模、区位的广场应从城市空间环境的角度进行全面把握。

例如城市中心广场，由于其重要的地理位置，往往是属于全市民的，大众共享的公共生活的地方。它是我们感知一个城市的关键要素，是城市生活的缩影，因此必须具有城市中心的意义。这类广场往往尺度较大，具有功能多样化的特点，活动也体现出较高的强度和复合度。例如，上海人民广场是过去作为全市人民游行集会的场所，可容纳 120 多万人。如今，它是金融行政、文化、交通、商业为一体的园林式广场，是上海市政治、经济、文化、旅游中心和交通枢纽。

（三）讲究可持续发展的生态设计

城市生态环境建设主要包括自然景观的生态性和文化的生态性建设两方面。在自然生态环境方面，由于过去的广场设计只注重硬质景观效果，大而空，植物仅作为点缀、装饰，疏远了人与自然的关系，缺少与自然生态的紧密结合。因此，现代城市广场设计应从城市生态环境的整体出发，一方面，用园林设计的手法，通过融合、嵌入、缩微、美化、象征等手段，在点、线、面不同层次的空间领域内，引入自然，再现自然，并与当地特定的生态条件和景观特点相适应，使人们在有限的空间中得以体会无限自然带来的自由、清新和愉悦。另一方面，城市广场设计要特别强调生态小环境的合理性，既要有充分的阳光，又要有足够的绿化，冬暖夏凉、避暑遮阳，为居民的活动创造宜人的空间环境，例如南京大行宫广场。

随着社会文化价值观念的更新，文化的生态性建设也越来越引起社会的关注。一些陈旧、过时的东西不断地被淘汰，一部分有价值的历史文化、建筑文化得以积淀，如保存完好的古建筑、古迹等。这种对传统文化的继承延续着融入人类文化感情的历史文脉。随着信息社会的到来，市广场的设计既要注重传统、延续历史和文脉，又要有所创新。

（四）建设连续的步行环境

步行化是现代城市广场的主要特征之一，也是城市广场的共享性和良好环境形成的必要前提。随着机动车日益占据城市交通的主导地位，广场的步行化更显得无比重要。广场空间和各种要素的布置应该支持人的行为，如保证广场活动与周边建筑及城市设施使用的连续性。在大型广场，还可以根据不同使用活动和主题考虑步行分区问题。

（五）突出个性特色

个性特色是指广场在布局形态与空间环境方面所具有的与其他广场不同的内在本质和外部特征。其空间构成有赖于它的整体布局和六个要素，即建筑、空间、道路、绿地、地形与小品细部的塑造。同时，应特别注意与城市整体环境的风格相协调，否则广场的个性特色将失去意义。

三、城市广场的设计方法

（一）广场与城市道路

作为城市中的广场，与城市道路的关系一般有三种，即：广场本身作为城市道路；广场与城市道路相交；广场与城市道路脱离。

其中，广场本身作为城市道路大多涉及街道式广场的类型，一般这种广场需要容纳较大的交通量，其城市性特征十分明显，广场界面与城市街道界面的连续性处理是设计的关键。

城市中的广场大都与道路呈相交的关系。这样，城市主路带来的较大交通量，使与城市主路直接相交的广场均或多或少受到强烈的过境交通的影响。这对于广场活动和空间的封闭性显然不利。通过法国旺道姆广场可以清晰地看到，随着城市机动车辆的增多，穿越广场的交通控制了整个空间，很少有值得重视的公共活动发生，大大削弱了广场的环境品质和活力。今天，旺道姆广场的利用状况非常有力地说明了这一点，在那里，横穿广场的交通控制了整个空间，除少量观看商店橱窗，或在窗沿暂时歇息的行人外，这里很少举办值得重视的公共活动，尽管空间造型考究，也显得比较冷清。在处理这类道路与广场的关系时，可以考虑将过境交通引导到广场边沿经过，保障广场环境的完整性。例如，南京火车站站前广场，利用立交桥将城市交通与广场分离，站前广场正对着玄武湖，远处的城市天际线清晰可见，广场空间最大限度地满足了行人的使用需求，成为南京市重要的城市门户名片。

再一种是广场与城市主路是相互脱离的关系，除了直接与道路相交，许多城市广场的设置使主要道路从广场空间的旁边经过。因为这种方式既保证了广场与城市结构的紧密关系，也避免了过境交通对广场空间和活动造成的负面影响，广场显得封闭和安宁。但是相比于主路相交的广场，可达性略差，与城市道路的关系也相对较弱。

（二）广场与围合建筑

广场作为城市中最重要的开放空间，直观地讲，是通过周边建筑物、构筑物或其他围合要素对空间进行限定的结果。因此，广场周边围合建筑的风格、体量、比例、色彩以及对空间的围合程度都直接影响到广场的空间品质。

首先，周边建筑的风格定位直接关系到广场的形象，例如，是欧陆风式的，还是中国古典风格，或者现代风格的建筑，那么，在进行广场的具体规划设计时，就要充分考虑与周边建筑在形象上的协调，使之成为联系城市不同建筑的空间媒介。

其次，根据人的视觉感受，适宜的广场基面的长宽比例介于 3：2 与 1：2 之间，即观察者的视角从 40°～90°。因此，周边围合建筑的体量和比例是确定广场规模大小的关键因素。例如，一个尺度宜人的城市广场，周边围合建筑应以三层、四层为主，那么同样的，如果广场空间位于高楼林立的环境中，必然会感觉如坐井底，其空间品质大打折扣。

最后，广场围合常见的要素有建筑、树木、柱廊以及有高差的地形。因此，广场围合建筑在较大程度上影响广场的封闭感和开放性。一般来说，封闭感较好的广场能够给行人提供足够的安全感。在传统城市中较多出现三面或四面围合的广场，围合要素大多是建筑，而且以居住建筑或宗教建筑为主，例如欧洲中世纪的许多城市广场，它们往往具有良好的视觉比例关系，封闭感较好，具有极强的向心性和场所感。两面围合的广场则更多配合现代城市里的建筑设置，如日本黑川纪章设计的福冈银行入口广场、原广司设计的大阪新梅天中心广场等。值得一提的是，广场围合还与建筑的开口位置以及大小有关，如在角部开口的建筑与在中央开口的建筑对广场的围合程度有明显不同。

第六章　景观设计发展趋势

　　随着我国物质的逐渐富足、科技的逐渐发展，人们对精神生活的要求越来越高。在此背景下，景观规划设计不再局限于满足城市的基本生活需求。本章主要讲述的是景观设计发展趋势，主要从以下四方面进行具体论述，分别为景观的人文化、景观的生态化、功能的多样化和风格的多元化。

第一节　景观的人文化

一、景观规划设计中体现文化与意境的条件

（一）环境条件

环境条件主要包括物质环境条件和精神环境条件两方面。中国地大物博，不同地域的气候特点、土壤特点决定了居住区景观的地形走向、植物选择，甚至还有空间的营造方法。在居住空间中，精神环境与物质环境同时存在。四大现代建筑师之一的赖特（Wright）曾说："有机建筑是建造的艺术，其中，美学与构造不仅彼此认同而且彼此证明。"[①] 因此，每个地方都有自己的特性和精神，具有自己独特的气氛，即场所精神。居住场所作为人们日常起居的必要场所，居民的归属感和认同感尤为重要。

受场所精神影响，不同地区历史发展的文化脉络、生活条件、生活节奏等均存在差异，这也是导致地域内居民具有不同性格特点和喜好的重要因素。例如，东北人大多性格豪爽，是由东北地区的历史沿革特点造成的；四川人喜辣，主要是因为四川空气潮湿，辣椒可以刺激身体排汗。因此，针对不同地域的不同物质环境条件和精神环境条件进行居住区景观规划设计是改善城市趋同化发展和地域文化缺失的重要途径，也是景观规划设计中表达文化与意境的有力手段。

（二）文化条件

文化条件主要包括传统文化条件和地域文化条件两方面。近年来，基于文化自信的理念，传统文化的传承得到了广泛关注。民族文化的积淀并不是民族历史的流水账，它承载着先人在文明发展中的精神。对于现今的居住区景观规划设计，不能仅仅模仿古人的设计样式，还要领悟其精神，营造其意境。

以传统文化为前提，地域文化是传统文化的多样性表达。地域文化的形成除了历史、地理的自然赋予外，还有赖于生活在一方水土的人们所创造，有赖于文

[①]　王丽贺. 现代居住区景观设计中文化与意境的表达 [J]. 中国民族博览，2020（20）：198-199.

明与文化的积累和流传。不同地区在发展的过程中呈现出不同的特色，其环境和气候特点各有利弊，因此不同地区的景观规划设计在材料应用、设计手法等方面也大相径庭，形成了因地制宜、各有千秋的景观规划设计形式。

二、景观规划设计中文化与意境的表达途径

中国对于意境的营造要从古典园林谈起。明代计成《园冶》中的"虽为人作，宛自天开""巧于因借，精在体宜"[①]，诉说着古人的意境营造手法，同时承载着中国悠久的历史文化。虽然古典园林的造园手法对现今的景观中意境的表达具有重要的借鉴意义，但是在应用的过程中，宜"刚柔并济"，结合当代的物质和文化现状进行研究。文化和意境的表达不应仅仅存在于景观规划设计中的一个环节，而是需要贯穿其中。首先，要对整体空间的规划以及局部空间的表达有总体规划；其次，要落实到单个三维整体和二维上进行呼应、点缀和点睛，最终达到表达目的。

（一）运用空间表达

空间的建造在居住区景观规划设计中既是文化和意境表达的雏形形成阶段，也是最终呈现的完整景观形式。面对材料和技术的发展，以及地域环境和文化的不同，在这一阶段应当打开思路，孵化出总体的景观蓝图。

例如，充分利用地势叠山理水，根据气候和土壤环境，利用可选择的植物构建空间环境。在最终完成阶段，再次从总体角度审视空间环境，做出最后调整，在表达过程中关注整体，最终形成"总—分—总"的结构，实现完整的、符合地域性的、表达文化和意境的居住区景观规划设计。

（二）运用立体表达

景观规划设计中的立体表达通常是指可供独立欣赏的景观或居住区要素，如场地入口、景观小品等。

小区入口是居住区景观的"门面"，可以作为一个三维整体进行设计。其表达的风格特点会引起先入为主的认知，但是这并不意味着必须将小区入口设计得

---

① 计成.园冶[M].嘉非，编.合肥：黄山书社，2016.

张扬大气，也可以采用欲扬先抑的表现手法，营造曲径通幽、豁然开朗的意境。小区景观小品则是展现居住区活力的有力要素，可以准确地表达营造的意境。

　　总而言之，立体的表达方式相对独立，可以展现独特魅力，但也需与整体相契合。

（三）运用界面表达

　　运用界面表达景观规划设计中的文化和意境是精练有力的，因为其给居民带来的视觉感受更为突出，一般包括建筑立面、地面、墙面等。例如，建筑立面的点缀通常并不复杂，但往往是点睛之笔，在并不是开阔视野的小区入口处设置景观墙，收缩人们的视线，也可以展现环境的特点。

　　运用界面表达景观规划设计的文化和意境一般受环境因素的影响较小，可以运用现代技术、材料和手法更精准地诠释文化和营造意境。从借鉴中国古典园林造园手法的角度来看，景观既要保留对居住环境诗情画意意境的表达，又要适应现代生活节奏。因此，在居住区景观的规划上，对于风景宜人的区域，不仅要大力把握天然优势，还要设计捷径供居民穿梭。

　　总的来说，上述表达途径并不是单独存在的，其综合应用也具有重要的意义。例如，对于门窗的设计表达可应用于各个方面。门窗样式、花纹、尺寸等的单独设计为界面表达，而门窗个体的设计为立体的设计表达，在门窗的使用过程中采用障景、漏景等的空间营造属于空间表达。因此，景观规划设计中的文化与意境的表达并不是单一的、部分的，而是彼此纠葛的、互为整体的，最终应以文化为指导，表达出景观富有浓郁地方色彩的意境。

第二节　景观的生态化

　　随着景观规划设计的发展，人们意识到了景观生态化的重要性，生态景观规划设计中生态主义的思想也得到了重视。人们不再一味地追求形式，而是开始寻求大片绿地和高科技"天人合一"的生态环境，景观生态化设计也由此诞生。

一、生态化设计

生态化设计是指将环境因素纳入设计，要求设计的所有阶段均考虑环境因素，减少对环境的影响，引导环境的可持续性。

（一）生态化设计的概念

生态设计是指遵循生态学的原理，建立人类、动物、植物关系之间的新秩序，在将对环境的破坏减至最小的基础上达到科学、美学、文化、生态的完美统一，为人类创造清洁、优美、文明的景观环境。可持续的、有丰富物种和生态环境的园林绿地系统才是未来城市设计的主流趋势。

（二）景观生态规划设计

景观生态规划设计意味着尊重环境生态系统，保持生态系统的水循环和生物的营养供给，维持植物生态环境和动物生存的生态质量，同时改善人居环境及生态系统的健康。

以加拿大多伦多当河下游的滨水公园为例，该项目的设计目标是在安大略湖畔兴建一座城市公共滨水公园，使其成为城市与水源的媒介。该设计为市民创造了新的娱乐休闲场所，改善了市民的生活环境。同时，经过治理的当河下游地区还能够为鸟类和各种水生植物提供新的湿地和栖息场所，并为喜欢钓鱼的市民提供良好的水源环境。这个新的公共空间和当河新支流的南岸地带相连，并建有一条极具现代气息的木质漫步道。漫步道的尽头建有一处码头观察台，是整个滨水公园的中心活动区，是举办各类活动庆典的理想场所，为欣赏多伦多整体城市景观提供了一个全新的视角。此外，公园中的河谷地带，既为当河提供了溢洪道，仅为各类有组织的娱乐、休闲、体育活动提供了良好的活动场所。

城市作为一种聚落形式，为人类提供了适宜生存的场地和环境。城市生态系统是由人类建立的生态系统，与人类的行为活动具有非常密切的联系，而自然生态景观广泛存在于自然界中，必须遵循自然规律。我们可以把城市生态景观规划设计看作人工与自然形式的结合，只有人工与自然相结合的城市生态才是可持续性发展的生态环境。

随着人们对环保事业的关注程度日益提升，营造自然的、绿色的生态人居环境景观成为人们共同关注的话题。"城市花园""山水城市""生态城市"等未来城市的发展模式正在慢慢形成，同时城市生态理念使得景观生态学等新兴学科应运而生。

二、生态化融入景观规划设计

（一）生态化融入景观规划设计的原则

1. 因地制宜原则

在进行生态化景观规划设计时，一定要坚持因地制宜原则和生态理念。因地制宜原则要求对场地要素进行重点关注，生态理念要求将所有生命形式融入当地环境，把它们当作一个整体。目前人们还没有能力控制气候，因此进行景观规划设计时一定要充分尊重气候变化规律，根据当地的气候特点对居住区景观进行因地制宜的设计，不能随意地进行设计，或是不按照自然规律进行设计。

2. 与自然生态保持一致性

与自然生态保持一致性要求设计人员根据可持续发展原则进行居住区景观规划设计，从而提高景观的舒适性、生态性和可观赏性。规划设计居住区景观时一定要注意和人们的日常生活相联系，充分尊重自然，不能对自然环境进行无序改造。同时，景观规划设计师需要充分了解当地的自然环境特征，尽量不要对原有的生态环境造成破坏，还要了解当地的生态系统，以便在满足其他物种生态需求的同时为人们规划设计出高质量的景观。

3. "以人为本"原则

设计的产生、发展和变化都离不开人，景观的主要观赏者也是人。因此，在进行景观规划设计时，一定要将人的感受作为重点考虑因素，将"以人为本"作为设计重要原则，充分体现对人的关怀。具体而言，设计人员需要对不同人群的心理特点进行深入分析，这样才能根据人们的心理特点为人们规划设计出合适的景观。另外，景观设计需要随着人们生活和观念的变化进行改变，只有这样才能确保景观能够满足人们的需求。

（二）生态化融入景观规划设计的方式

1. 对景观元素进行合理规划

合理的景观布局是居住区景观规划设计的重要组成，可以充分展现居住环境。因此，景观规划设计人员应当对景观结构进行有效梳理，同时对景观中的河流、花草树木、道路进行合理规划，以保证整体设计效果。

基质、廊道和斑块是景观生态学对景观结构的划分，将生态化融入居住区景观规划设计，应当对景观布局的整体性进行有效把握，利用廊道合理串联设计斑块，以此来提高景观规划设计的整体性，最终为人们提供整体效果较好的居住和生活景观。

2. 合理利用生态要素

进行景观规划设计时，一定要对有价值的生态要素进行完整保留和合理利用，以便使人工景观和自然环境实现和谐统一。

要想实现这个目标，就要从三个方面入手：首先，保留现存植被。在进行居住区建设时，很多施工单位都会先清除施工现场的植被，然后再进行建筑物建设，等到完成建筑物建设后，再进行绿化工作。然而，一旦破坏了原生植被，再想恢复就需要花费大量的人力、物力和财力，而且恢复难度很大。因此，保留现存植被具有重要的现实意义。其次，结合环境水文特征。结合环境水文特征进行居住区景观规划设计需要保护场地的湿地和水体，同时还可以储存雨水，以备后期绿化使用。最后，对场地中的土壤进行有效保护。表层土壤是最适合生命生存的土壤，其中含有植物生长和微生物生存必需的各种养分和养料，因此保护土壤资源，能够为景观的生存和生长提供基础保障。

3. 对雨水进行回收再利用

雨水是一种受城市发展影响较大的环境因素。如果将城市路面都建设为不透水的路面，雨水就会经由下水道流到附近的湖泊或河流中。一方面，这种处理雨水的方式是对水资源的一种浪费，因为雨水不能渗透到地下，不能对地下水进行补充；另一方面，雨水在流到下水道的过程中会携带城市生活中的污染物，如果这样的雨水直接排放到自然水体中，就会对自然水体系统造成污染。此外，如果降雨量特别大，还会造成局部积水问题，情况严重时甚至会引发城市洪涝灾害。

因此，景观规划设计需要注意对雨水进行回收再利用，即就地收集没有渗透的区域内径流，并对这些径流进行存储、处理和利用。具体而言，可以借助自然水体和人工湖泊等储存雨水，并利用雨水处理系统对雨水进行净化，用于对景观进行浇灌、冲洗厕所，或作为消防用水等。这样既可以改善城市水环境和生态环境，还可以提高水资源利用率，同时能够缓解我国水资源紧缺问题。对于雨水不能渗入地下的问题，可以使用可渗透性材料铺设道路，这样雨水就可以渗入土壤，从而补充地下水量。

4.运用生态材料和生态设计技术

现在人们对生活环境的要求越来越高，还有很多人要求居住区配备个性的独立景观。将生态材料和生态设计技术应用到生活和居住空间中，既可以满足人们对景观环境的要求，又可以为人们提供完美的休闲娱乐场所。因此，景观规划设计人员需要全面理解和认识景观规划设计，不能过于追求景观规划设计的现代化和经济化，需要对景观规划设计的本质进行充分考虑，确保景观规划设计和生态环境之间形成和谐共处的关系。只有这样，才能实现将生态化融入景观规划设计的根本目的。

现代景观规划设计并不是一定要具备个性和创新性，而是应有效结合周边的自然景观和文化，通过合理地投入成本，对景观进行科学维护，对地域特点和自然特色进行充分考虑，同时结合人情文化和风土氛围，显著改善景观规划设计效果。因此，在选择建筑材料时，一定要选择节能环保的材料，同时采用生态设计技术，只有这样才能推动景观规划设计的长远发展。

第三节　景观功能的多样化

随着物质文化生活水平的提高，人们对居住环境的要求也越来越高，景观的功能性不仅仅是满足人们的使用功能，未来的景观设计应当要集使用功能、审美功能、安全保护功能等多项功能于一体。

一、使用功能

景观功能是指景观与周围环境进行的物质、能量和信息交换以及景观内部发生各种变化和所表现出来的性能。景观的使用功能就是满足人们的视觉享受，同时使人融入景观之中，与景观产生互动使人的身心得到愉悦和放松。景观的使用功能具体可以分为娱乐的功能和教育的功能，娱乐的功能是指在景观设计中注重游戏、娱乐、健身的景观园林设施，这些设置可以让人与景观发生有益的互动。教育功能是指人参与景观中场馆或展厅的知识普及、宣传等，如露天博物馆、展览馆、画廊展示厅、科技馆。在景观设计中应当考虑景观与这些使用功能的结合。

二、审美功能

审美是人们理解世界的一种特殊形式，指社会和自然形成一种无功利的、形象的和情感的关系状态。审美是在理智与情感、主观与客观上认识、理解、感知和评判世界上的存在。

景观的美化是景观设计的重点，通过对景观整体布局的设计，以及植物的组织栽种、小品的设计、造型线条和姿态的把握，在景观设计中突出设计的主题，通过设计表达意境，给人美的享受，使人陶冶情操。

三、安全保护功能

景观的安全保护功能表现在对生态的保护，对周边环境的空气的优化，减少污染和噪声，美化环境，提升环境的质量。

四、综合功能

景观中的功能并不是单一存在的，是集多种功能于一体的，如景观小品既具有审美功能又具有使用功能；水景既具有审美功能又具有安全保护功能。以意大利南部的太阳能公园设计为例，这个太阳能公园的设计将环境保护、可持续发展和公园的自然景观相融合，在设计中开辟新的思路，将原有农业区与可作为太阳能实验基地的太阳能公园融为一体，在山坡上引入梯田的样式，将其位置设在太阳能公园跨过高原与沿高架桥的海洋风力区，太阳能公园在高速公路的任何一个位置都可以看见，该设计把可持续发展技术细化到每一个发展阶段，使其可以延长几年的寿命。

第四节 景观风格的多元化

一、中式风格、西亚风格与欧洲风格

中式风格园林可以细分成北方园林、巴蜀园林、江南园林和岭南园林。中式园林的设计理念是接近自然，以亭台参差、廊房婉转为陪衬，以假山、流水、翠竹等设计元素体现独特风格。

西亚风格园林特点是以"绿洲"为模拟对象，把几何概念运用到设计中。西亚风格的园林设计以树木和水池为设计元素，水渠和水池的形状方正规则，房屋和树木按几何规则加以安排。其中，伊斯兰风格园林建筑雕饰精致，几何图案和色彩纹样丰富，明暗对比强烈，对现代景观规划设计影响深远。

欧洲园林突出线条的设计，使用修建、搭配等手法塑造深沉内向的大森林气质。其中，英国园林强调自然，严格按照风景画的构图进行园林设计，将建筑作为风景的点缀。这些手法常常被现代园林设计承接和使用。

二、现代主义影响下的景观规划设计风格

现代艺术蓬勃发展，多种艺术流派和风格层出不穷，审美观念和艺术语言实现了极大的拓展。景观规划设计也紧跟现代主义的步伐，在设计中不断借鉴和吸取经验。

三、生态主义影响下的景观规划设计风格

生态景观规划设计理念是现代景观规划设计的发展趋势，提高景观生态化可以提高城市居民的生活质量。生态主义影响下的景观规划设计注重植物植被的生态群建设，追求"四季有景"等景观效果，以及合理、科学的植物生态群落搭配，使不同的群落之间互相补充、互相协调，达到共同生长的状态。

生态主义影响下的景观规划设计注重对动物、微生物等要素的设计。例如，通过生态景观规划设计加强对城市中鸟类的保护，让景观区域成为鸟类栖息的环境；将落叶纳入设计，因为经常清扫落叶会阻碍微生物的繁衍，破坏微生物对植物的保护；将垃圾当成资源来利用，减少细菌的滋生。

以辽宁省沈阳市的浑河湿地公园为例，设计师站在保育城市空间和浑河流域生态环境的角度制定景观设计规划，以"边界共生"为主题（使城市空间的生长边界和自然环境边界共生共存），并以恢复湿地特征为出发点，通过合理的保护和利用，形成了集保护、科普、休闲等功能于一体的公园。该公园能供人们欣赏、游览和开展科普教育，进行科学文化活动，并且有较高保护、观赏、文化和科学价值，能够保护湿地功能和生物多样性，实现人居环境与自然环境的协调发展。

四、后现代主义影响下的景观规划设计风格

后现代主义的产生打破了传统，让艺术从神坛走向生活，创造出了一种全新的思维方式，具有媒介多变、文化观念多样等特征。在后现代主义影响下的景观规划设计作品往往给人留下深刻的印象，因为其反对现代景观规划设计中强调的功能、理性和严谨。随着后现代主义设计的发展，景观规划设计也逐渐变得更加多元化。

苏格兰宇宙思考花园就是一个典型的受后现代主义影响的景观规划设计。其设计灵感源自科学和数学，设计师查尔斯·詹克斯充分利用了地形来表现主题，如黑洞、分形宇宙等。詹克斯是当代有名的艺术理论家、作家和园林设计师，他站在艺术界的风口浪尖上，最先提出和阐述了后现代建筑的概念并将这一理论扩展到整个艺术界，具有广泛而深远的影响，为后现代艺术开辟了新的空间。

参考文献

[1] 高卿 . 景观设计 [M]. 重庆：重庆大学出版社，2018.

[2] 马克辛，卞宏旭 . 景观设计 [M]. 沈阳：辽宁美术出版社，2014.

[3] 王川，孟霓霓 . 景观设计教程 [M]. 沈阳：辽宁美术出版社，2020.

[4] 樊佳奇 . 城市景观设计研究 [M]. 长春：吉林大学出版社，2020.

[5] 刘彦红，刘永东，陈娟 . 居住区景观设计 [M]. 武汉：武汉大学出版社，2020.

[6] 陆娟，赖茜 . 景观设计与园林规划 [M]. 延吉：延边大学出版社，2020.

[7] 徐志华 . 西方景观设计研究 [M]. 北京：中国原子能出版传媒有限公司，2021.

[8] 于晓，谭国栋，崔海珍 . 城市规划与园林景观设计 [M]. 长春：吉林人民出版社，2021.

[9] 李群，裴兵，康静 . 园林景观设计简史 [M]. 武汉：华中科技大学出版社，2019.

[10] 肇丹丹，赵丽薇，王云平 . 园林景观设计与表现研究 [M]. 北京：中国书籍出版社，2021.

[11] 霍东靖，张鸿翎 . 中国古典园林建造风格在现代园林景观设计中的体现——以苏州博物馆为例 [J]. 房地产世界，2022（21）：154-157.

[12] 郄亚微 . 现代园艺技术与园林景观设计融合探讨 [J]. 现代园艺，2022，45（18）：97-99.

[13] 张宏坤，周燕，樊磊 . 基于城市未来发展视角探析综合性公园景观设计前景与实施路径 [J]. 河南科技，2022，41（18）：107-111.

[14] 修积鑫，王萌萌 . 景观空间中的情感化设计 [J]. 设计，2022，35（9）：103-105.

[15] 杨婷.地域文化在城市公园景观设计中的应用研究 [J]. 美与时代（城市版），2022（2）：83-85.

[16] 王艺璇.色彩在园林景观设计中的应用研究 [J]. 美与时代（城市版），2022（1）：76-78.

[17] 张佩佩.现代城市园林景观设计的创新策略分析 [J]. 现代农业研究，2022，28（1）：71-73.

[18] 毕晓晴.住宅小区景观设计中海绵城市相关设计探讨 [J]. 山西建筑，2022，48（2）：39-41.

[19] 温瑀，户建宇，秦津.五感体验式康复景观设计——以秦皇岛社区公园为例 [J]. 河北环境工程学院学报，2022，32（1）：68-72，79.

[20] 李晓旭.现代园林景观设计中传统文化元素应用 [J]. 文化产业，2021（33）：136-138.

[21] 刘弘冰.福州市城市公园韧性景观设计研究 [D]. 咸阳：西北农林科技大学，2022.

[22] 刘思琪.后工业景观视角下工业遗址更新设计研究 [D]. 大连：辽宁师范大学，2021.

[23] 魏立铭.基于公众健康视角下的湘乡市涟水湾城市公园景观设计 [D]. 长沙：中南林业科技大学，2021.

[24] 蒋小英.工业遗产景观的叙事性设计研究 [D]. 武汉：华中科技大学，2019.

[25] 原野.五感设计在园林景观设计中的应用研究 [D]. 咸阳：西北农林科技大学，2018.

[26] 沈冉冉.城市公园景观中的感知体验设计研究 [D]. 济南：山东建筑大学，2016.

[27] 武炜瑶.居住区雨水利用景观设计研究 [D]. 西安：西安建筑科技大学，2015.

[28] 赵晶.视觉艺术视野下的景观设计方法研究 [D]. 天津：天津大学，2014.

[29] 胡燕.后工业景观设计语言研究 [D]. 北京：北京林业大学，2014.

[30] 李云鹏.适老化康复景观设计研究 [D]. 北京：清华大学，2013.